无价湿地

太湖流域湿地

生态状况及其评价

崔丽娟 李 伟
赵欣胜 高常军
－主编－

Ecological Status and Its
Evaluation of Wetland at
Tai Lake Basin

中国林业出版社

图书在版编目（CIP）数据

太湖流域湿地生态状况及其评价 / 崔丽娟等主编 .
— 北京：中国林业出版社，2019.11
（"无价湿地"系列丛书）
ISBN 978-7-5038-9809-9

Ⅰ . ①太… Ⅱ . ①崔… Ⅲ . ①太湖 – 流域 – 沼泽化地
– 生态系 – 评价 Ⅳ . ① X832

中国版本图书馆 CIP 数据核字（2018）第 239616 号

中国林业出版社·林业分社
责任编辑：于界芬 于晓文

出版发行：中国林业出版社（100009 北京西城区德内大街刘海胡同7号）
网　　址：http://www.forestry.gov.cn/lycb.html
电　　话：（010）83143542
印　　刷：固安县京平诚乾印刷有限公司
版　　次：2019年11月第1版
印　　次：2019年11月第1次
开　　本：787mm×1092mm　1/16
印　　张：15.75
定　　数：288千字
定　　价：68.00元

《太湖流域湿地生态状况及其评价》
编写组

无价湿地

| 主编 | 崔丽娟　李　伟　赵欣胜　高常军

| 编者 | 崔丽娟　李　伟　赵欣胜　高常军
　　　　张曼胤　栾军伟　张骁栋　马牧源

▲▲▲▲▲▲▲▲▲▲▲

　　湿地不仅具有保持水源、净化水质、蓄洪防旱、调节气候、美化环境和维护生物多样性等重要的生态功能，同时还具有科学研究、科普教育、旅游休闲等多种社会经济价值。太湖作为全国第三大淡水湖，是国家重要湿地。为保护与恢复太湖流域内湿地，服务于太湖水环境综合治理，进一步发挥湿地改善水质、提供水源等重要生态功能，有必要系统、科学、全面地开展太湖流域内湿地生态状况评价研究。

　　全书共分6章。第一章描述了太湖流域湿地特征及存在的问题，概述了太湖流域湿地生态系统现状；第二章通过太湖沉积物推演了太湖水体近50年的变化；第三章调查太湖流域湿地土壤种子库特征及其与环境因素的关系；第四章调查了太湖流域湿地土壤动物群落特征及其与植被的关系；第五章以苕溪流域为案例区研究了太湖流域湿地营养盐的迁移过程；第六章评估了太湖流域湿地生态系统功能价值。

　　本书第一章由崔丽娟、赵欣胜、李伟撰写；第二章由栾军伟、崔丽娟、赵欣胜撰写；第三章由崔丽娟、李伟撰写；第四章由崔丽娟、李伟撰写；第五章由崔丽娟、高常军撰写，第六章由马牧源、崔丽娟撰写。

全书由崔丽娟、张骁栋、李伟、张曼胤负责统稿。

　　本书的主体内容来源于项目的研究报告，部分内容成果已在国内外有关刊物发表。虽然作者试图在参考文献中全部列出并在文中标明出处，但难免有疏漏之处，我们诚挚希望有关同行专家和读者提出宝贵意见。由于作者水平有限，对于太湖流域湿地生态评价及恢复技术的理解有待深入，恳请读者朋友批评指正。

崔丽娟

于中国林业科学研究院湿地研究所，北京

2019.11

前　言

第一章
太湖流域湿地概述

第四章
太湖岸带湿地土壤动物研究

第五章

太湖典型小流域营养盐的迁移及输出评估——以苕溪为例

◆

第六章

太湖流域湿地生态系统服务功能价值评价

第 一 章

太湖流域
湿地概述

▲▲▲▲▲▲▲▲▲▲▲▲▲▲

崔丽娟 摄

太湖地处长江三角洲南缘，是我国第三大淡水湖，水域面积2338 km²，南北长68.5 km，东西平均宽34 km，湖岸线总长405 km。位于北亚热带，属季风、湿润气候。四季分明，热量充裕，雨水丰沛，光照充足。

太湖主体湖区平均气温为15.3～16℃，年降水量为950～1250 mm，年日照时数约为2000～2200 h。年最高水温出现在7、8月，年最低水温出现在12月下旬至翌年2月上旬，历年最高水温达38℃，最低水温0℃。水温年变幅介于29.5～38.0℃之间，平均变幅34℃左右，平均水温为17.1℃，平均水温较陆上土温高1.3℃，且二者月平均值年过程相应的最高、最低值分别出现在7、8月和1月，历年各月平均水温均高于土温。

太湖是一个浅水湖泊，正常水位下容积为44.3亿 m³，平均水深1.89 m，多年平均年吞吐量52亿 m³。太湖主要水源有二：一为来自浙江省天目山的苕溪；另一来自江苏宜溧山地北麓的荆溪，分由太浦、百渎等60多条港渎入湖。太湖水由北东两面70多条河港下泄长江，娄河（下游称浏河）、吴淞江（下游称苏州河）、黄浦江为主。太湖每上涨1 m，可蓄水2300 m³。一般每年4月雨季开始水位上涨，7月中下旬达到高峰，到11月进入枯水期，2～3月水位最低。一般洪枯变幅在1～1.5 m之间。1991年太湖平均水位4.79 m，为历史最高；1934年瓜泾口1.87 m，为历史最低。

太湖有蓄洪、供水、灌溉、航运、旅游等多种功能，同时又是流域内最重要的供水水源地，不仅担负着无锡、苏州和湖州等大中城市的城乡供水，还具有向下游地区供水并改善水质的作用。太湖的水生生物资源极其丰富，根据太湖水生动物名录记载和近几年的调查可知，共有鱼类107种，底栖动物40多种，浮游植物91属，水生维管束植物27科48属66种。浮游动物135属，其中原生动物63属、轮虫类30属、枝角类21种、桡足类21种。

第一节　太湖流域湿地特征

　　太湖流域曾是我国淡水沼泽湿地集中分布区之一，环太湖地区、阳澄湖、滆湖、长荡湖等大型湖泊和太湖流域东部河网和湖荡区域历史上均分布有大量淡水沼泽，但由于长期人为干扰，淡水沼泽基本丧失。太湖流域自然森林资源相对贫乏，丰富的湿地资源是整个流域重要的自然生态资本。湿地对社会经济发展贡献率高，湿地文化闻名于世。根据 2009 年全国第二次湿地资源调查成果《江苏省湿地资源调查报告》，江苏太湖流域现有湿地 53.22 万 hm^2，占流域内国土面积的 27.4%。其中，自然湿地 35.48 万 hm^2，占湿地总面积的 66.7%，人工湿地 17.74 万 hm^2，占湿地总面积的 33.3%（表 1-1）。

　　从行政区划来看（表 1-2），江苏太湖流域内无锡市现有湿地 10.40 万 hm^2，占全市国土面积 21.73%，主要包括太湖、滆湖、东氿、西氿、马公荡、阳山荡、鹅真荡－嘉菱荡－宛山荡及漕桥河、大浦港、乌溪港、社（湛）渎港、官渎港、洪巷港、直湖港、锡北运河、百渎港、望虞河等。苏州市现有湿地 29.75 万 hm^2，占其国土面积的 35.05%，主要包括太湖、阳澄湖、昆承湖、澄湖、漕湖等及望虞河、太浦河等。常州市现有湿地 7.37 万 hm^2，占全市国土面积的 16.85%，主要包括长荡湖、滆湖等。南京市高淳县、溧水县湿地面积合计 4.33 万 hm^2。镇江市丹阳市、句容市湿地面积合计 1.37 万 hm^2。

表 1-1　江苏太湖流域湿地分类型概况

湿地类	湿地型	苏州 (hm²)	无锡 (hm²)	常州 (hm²)	南京 (hm²)	镇江 (hm²)	湿地型面积 (hm²)	湿地类面积 (hm²)
湖泊湿地	永久性淡水湖	187132.8	66327.6	27644.4	13809.5	258.5	295172.8	295172.8
河流湿地	永久性河流	19002.2	9321.0	5332.3	1422.7	3155.4	38233.6	39255.0
	洪泛平原湿地	471.3	59.0	491.1	/	/	1021.4	
沼泽湿地	草本沼泽	19918.4	107.8	302.9	/	/	20329.1	20329.1
人工湿地	库塘	213.9	1517.5	3169.3	2668.4	3888.7	11457.8	
	运河、输水河	8875.3	5443.8	4616.2	460.1	463.5	19858.9	
	水产养殖场	61839.7	21204.1	32100.9	24982.2	5958.2	146085.1	
	合计	297453.5	103980.8	73657.1	43342.9	13724.3	532158.6	532158.6

表 1-2 　江苏太湖流域湿地分行政区概况

行政区		面积 （hm²）	合计 （hm²）
无锡	无锡市市辖区	46476.9	
	江阴市	5169.5	103980.8
	宜兴市	52334.4	
苏州	苏州市市辖区	211889.8	
	常熟市	17138.6	
	昆山市	19890.8	
	太仓市	2862.3	297453.5
	吴江市	41913.8	
	张家港市	3758.2	
常州	常州市市辖区	31078.5	
	金坛市	23494.6	73657.1
	溧阳市	19084	
南京	高淳县	25820.4	
	溧水县	17522.5	43342.9
镇江	丹阳市	6578.3	
	句容市	7146	13724.3
合计		532158.6	532158.6

第二节　太湖流域湿地生态系统现状

一、太湖流域典型区湿地水环境

　　2018 年 7 月太湖流域省界河流 34 个监测断面，5.9% 的断面水质达到Ⅲ类水标准，其余断面水质均受到不同程度污染，其中Ⅳ类占 32.3%、Ⅴ类占 41.2%、劣Ⅴ类占 20.6%。与 2017 年同期相比，省界河流断面水质达到Ⅲ类的比例下降了 11.7%，与上月相比下降了 14.7%。太湖全湖平均水质类别为Ⅳ类，营养状态为轻度富营养。水质分九个湖区按代表面积评价：Ⅲ类占 60.1%、Ⅳ类占 5.5%、Ⅴ类占 22.9%、劣Ⅴ类占 11.5%。太湖 65.6% 的水域为轻度富营养，34.4% 的水域为中度富营养。与 2017 年同期及上月相比，全湖平均水质类别持平，轻度富营养面积有所减少，中度富营养面积有所增加。淀山湖水质总体评价为Ⅴ类，与 2017 年同期持平，与上月相比好一个类别；元荡水质总体评价为劣Ⅴ类，与 2017 年同期相比差一个类别，与上月相比差三个类别（表 1-3）。

　　2018 年太湖主要水质指标平均浓度值分别为：高锰酸盐指数 3.87 mg/L、氨氮 0.14 mg/L；太湖营养状态评价指标平均浓度值分别为：总磷 0.073 mg/L、总氮 1.14 mg/L、叶绿素 a 40.1 mg/m^3。与 2017 年同期相比，太湖水质类别持平，主要水质指标总氮、总磷和氨氮浓度有所上升，高锰酸盐指数和叶绿素 a 浓度有所下降（2017 年同期高锰酸盐指数平均浓度为 4.27 mg/L，氨氮为 0.11 mg/L，总磷为 0.066 mg/L，总氮为 0.95 mg/L，叶绿素 a 为 47.9 mg/m^3）；轻度富营养面积有所减少，中度富营养面积有所增加。

表 1-3　太湖各湖区水质及营养状态

湖区	面积（km²）	2016 年 7 月 水质类别	2017 年 7 月 水质类别	2018 年 7 月 水质类别	营养指数	营养状态
梅梁湖	124.0	V	V	IV	58.4	轻度富营养
竺山湖	68.3	劣V	V	劣V	63.7	中度富营养
贡湖	163.8	III	IV	III	60.3	中度富营养
东太湖	172.4	劣V	IV	V	57.3	轻度富营养
湖心区	972.9	V	IV	III	61.8	中度富营养
西部沿岸区	199.8	劣V	V	劣V	58.7	轻度富营养
东部沿岸区	268.0	IV	III	III	58.9	轻度富营养
南部沿岸区	363.0	劣V	III	V	61.6	中度富营养
五里湖	5.8（8.6*）	劣V	V	IV	51.4	轻度富营养
太湖	2338	V	IV	IV	60.8	中度富营养

注：* 自 2003 年起无锡市已对五里湖实施退渔还湖工程，工程实施后五里湖水域面积由原来的 5.8 km² 扩大至 8.6 km²。

数据来源于水利部太湖流域管理局《太湖流域省界水体水资源质量状况通报》（2017 年和 2018 年）。

二、太湖流域典型植被带土壤环境

太湖流域土壤种类只有两种地带性类型，太湖北部为黄棕壤，南部为红壤（崔广柏等，2009）。成土过程的特点是强烈黏化与轻微的富铝化。本区的红壤占土壤资源的面积 11.3%，处于太湖流域南缘，故并不十分典型。受母质与风化壳类型的影响，这两类土壤在某些山麓交错分布。在红色风化壳出露的地段发育为红壤，黄土覆盖地段则为黄棕壤，黄棕壤占土壤资源的 7.4%。另有黄刚土（耕种黄棕壤）约占土壤资源的 2.1%。太湖流域水稻土面积大、分布广，是在长期水旱交替耕作条件下形成的，占土壤资源的 63.2%（戈锋，2010）。灰潮土仅分布于长江、钱塘江沿岸，主要在长江冲积母质上发育形成，约占 1.7%。滨海盐土仅占 1% 左右，其余零星分布桑树、蔬菜与农田土壤（高超和张桃林，2000）。

近村田与低平田都为爽水型水稻田，质地剖面均一，通透性好，肥力高。海拔 6~7 m 的高平田地区都为滞水水稻田，肥力水平低，易淀浆板结，剖面中有障碍层（白土层），通透性差，易滞水，三麦等旱作物易受渍害（高超和张桃林，2000）。

三、太湖流域典型区湿地水生生物种类

自 2012 年以来，太湖水生植物种类组成未发生明显变化，常见种主要有芦苇、马来眼子菜、荇菜、菰草、苦草等（表 1-4）。2013～2015 年太湖水生植物分布未发生明显变化，挺水植被主要分布在太湖大堤沿岸，沉水植物和浮叶植物主要分布在东部沿岸区、东太湖、南部沿岸区和湖心区东南部以及贡湖南部。2015 年以来，东部沿岸区和东太湖的水生植物收割力度明显加强。2013 年以来，浮游植物多样性指数总体呈上升趋势，浮游动物和底栖动物多样性指数呈现小幅波动，底栖动物清洁水体指示物种出现频次逐渐增加（闫丽珍等，2010；太湖健康状况报告，2015，2017）。

20 世纪 90 年代，太湖蓝藻相对较少，西北部湖区分布较多；原生动物数量也相对较少，生态系统尚未明显恶化；水生植物在湖内广泛分布，水体自净能力较高。2000～2004 年，太湖蓝藻变化不明显，仍以北部湖区分布较多；原生动物数量有所增加，主要表现在西部沿岸区及湖心区；高等水生植物在贡湖区有所增加。2005～2009 年，太湖各湖区蓝藻数量及原生动物数量均显著增加，生态系统恶化趋势明显。高等水生植物分布以东太湖、东部沿岸区及南部沿岸区较为集中。2005～2016 年，太湖各湖区蓝藻数量及原生动物数量呈一定程度下降趋势，然而 2017 年监测结果显示，2017 年太湖水华发生频率和强度较 2016 年均有所增加。2017 年最大水华面积为 1403 km^2，出现在 5 月 10 日，为 2009 年以来面积最大的一次。

表 1-4　太湖流域水生生物

类别	种属	优势种	备注
浮游植物	122 种	微囊藻和小环藻	西北部湖区多，东南部较少，东太湖优势门类为隐藻，其他湖区优势门类基本为微囊藻和小环藻
浮游动物	90 种	砂壳虫、臂尾轮虫、英勇剑水蚤、象鼻溞等	五里湖数量最多，南部沿岸区最少。各湖区均以原生动物占优，且都为耐污种
底栖动物	44 种	河蚬、水丝蚓蝌以及杯尾水虱	贡湖、东太湖、东部沿岸区数量相对较多。各湖区优势种均为耐污种
水生植物	西太湖 12 属 16 种 东太湖 54 种 75 属	马来眼子菜、荇菜	主要分布在东部和北部湖区及贡湖，西部数量较少，湖心区基本无水草
鱼类	6 目 12 科 40 属 48 种	鳎、鲤和湖鲚	小个体鱼比例近年有所增加

注：数据来源于《太湖健康状况报告 2015》和《太湖健康状况报告 2017》。

第三节　太湖流域湿地存在的问题

一、太湖流域湿地面临多种威胁

湿地面临多重威胁，导致湿地面积减少、生态质量持续下降、生态功能持续退化。具体表现在以下几个方面：

（1）太湖湿地水环境质量问题仍然突出。调查发现太湖流域内湿地生态系统水环境质量不容乐观。尽管全湖平均水质类别为Ⅴ类，但根据 2019 年 8 月太湖 33 个监测点 9 个湖区水质评价结果显示：太湖水体 11.5% 为Ⅲ类、64.8% 为Ⅴ类、23.7% 为劣Ⅴ类。未达到地表水Ⅲ类标准的指标为总氮、总磷、化学需氧量、五日生化需氧量、高锰酸盐指数和溶解氧。综合来看，太湖水环境污染主要来自于污水未达标排放、农业面源污染和周边垃圾渗滤液等。而自 2018 年开始禁止和拆除周边围网养殖，其养殖污染已经不是主要污染来源。

（2）湿地生态系统完整性破坏现象显著。随着近 30 年来的经济社会的迅速发展和人口的持续增长，土地资源越来越紧缺，围垦太湖流域已经成为增加陆域可使用土地面积的重要手段，特别是围垦养殖等。围垦使太湖流域内天然湿地面积急剧减少，大量天然湿地消失转为工业、城市用地，或转变为以水产养殖、稻田为主的人工湿地。尽管到 2019 年 7 月近 4.5 万亩太湖围网养殖设施已经全部拆除，但对湿地生态系统完整性的影响仍然存在。

（3）资源不合理利用影响湿地生物资源总量及种类变化。随着生产方式日益改进和技术技能的普遍提高，对湿地资源的利用逐渐透支。一方面自然湖泊、河流等湿地面积锐减，生态环境质量降低，自然生物资源产能总体下降；另一方面过度开发利用客观上加剧了资源产量下降的趋势。特别是近年来随着太湖流域渔民渔猎强度增加，淡水生物多样性受到威胁，经济鱼类资源日趋衰减，渔获量不断减少，捕渔种类日趋单一，种群结构幼龄化、小型化。

（4）堤岸硬化工程造成陆域和水域生态系统隔绝。基于防洪和交通等需要建设的硬化堤岸对太湖流域湿地造成严重破坏。1998年大洪灾以后，太湖流域大型湖泊、河流沿岸均修筑了防洪堤坝，并一再加固加高，工程措施更多地考虑了防洪减灾、水运交通等指标需求而较少兼顾自然生态系统的连续性，切断了湖泊、河流水体与周边山、地、水的自然组合与过渡，工程区域滨岸湿地基本被破坏，生态功能基本丧失。

（5）淤积和沼泽化问题仍然存在。太湖流域属于平原水网地区，位于长江流域下游，水流流速较缓，自然淤积速度较快。早在2005年进行的调查显示，东太湖42.8%的湖面已成为沼泽，39.5%湖区正向沼泽化演变，无沼泽化的湖区仅占湖区面积的17.7%。在低水位期间，30%的湖底露出水面成为滩地。随着人工收割植物、清淤等持续干预措施，到目前沼泽化和植物扩张疯长得到一定程度控制，但北部湖区水生植被恢复和东部湖区水生植被过量生长导致的沼泽化趋势仍然存在（赵凯等，2017）。

二、太湖流域湿地保护管理能力有待提高

太湖流域的湿地保护与科学管理是流域水资源生态系统保护的重要组成，湿地保护和建设不仅是太湖生态修复的核心内容，也是流域生态保护和建设的主要任务。目前太湖流域湿地保护与科学管理仍然存在诸多问题，具体如下：

（1）缺乏有针对性的太湖的湿地保护体系。从2003年起，部分省（市）相继出台了地方湿地保护条例，为地方湿地保护与管理工作提供了法律依据，推动了湿地保护工作的发展。但是由于缺少统一的上位法，针对太湖流域的地方立法在制定过程中往往具有一定的随意性，在某些原则性的问题上比较模糊，比如湿地类型不全、湿地保护基本原则不完善等，有些湿地保护制度的规定不够严谨，在实践中缺乏可操作性。

因此，针对太湖流域的湿地保护的系统性、整体性要求，开展有针对性的湿地保护立法工作，弥补现有法律法规的不足，是遏制湿地退化，保障国家生态安全，促进经济与社会可持续发展的必然要求。

（2）湿地保护管理组织机构协调性弱。湿地是多资源组成的资源复合体，涉及林业、环保、水利、农业、海洋、渔业、滩涂开发、农垦、国土等多个部门，协调难度大。太湖流域作为湿地资源最丰富的区域，流域内市、县（市、区）各级仍缺乏专门的组织机构或足够的专门的业务人员从事湿地保护。苏州市设立了苏州市湿地保护管理站，无锡市成立了无锡市湿地保护管理处，负责指导辖区湿地保护管理。然而，缺乏有效的法规使这些湿地保护机构不能有效发挥职能作用。同时，湿地管理和科研起步较晚，科研监测能力薄弱，不能为湿地保护管理提供实时有效的技术支撑。

（3）流域湿地保护仍需加强。由于太湖流域人口密度大，土地资源紧张，流域内重要湿地资源一直没有通过建立保护区进行严格保护。全国五大淡水湖中，仅太湖没有建立湿地或者野生动物类型自然保护区保护湖区资源。作为湿地保护的新形式，近年来流域内湿地公园发展迅速，但是湿地公园带来了旅游发展与湿地保护之间的新冲突。

（4）公众湿地保护意识需提高。公众对湿地概念、价值和功能，以及其在经济社会可持续发展中的重要性仍缺乏足够的认识。客观上由于人口持续增长的压力和土地资源缺乏，湿地往往被作为一种后备土地资源被不合理开垦或转为它用。由于经济利益直接驱动，湿地作为一种独特生态系统的价值和功能被忽视或弱化，因此有必要加强太湖流域公众湿地保护意识。

第 二 章

太 湖 流 域
湿地近50年
水 环 境 演 变

▲▲▲▲▲▲▲▲▲▲▲▲▲

崔丽娟 摄

湖泊水体富营养化是当今世界水体环境面临的重要污染问题之一。消除和改善水体富营养化问题是很多国家重要工作（Zhao et al.，2002；吴晓辉和李其军，2010；王小冬等，2011）。磷是控制富营养化的关键元素之一，湖泊沉积物吸附和释放磷对河流、湖泊、水库水体的富营养化具有重要作用，这一结论已经被很多科学家所证实，特别是最近20年，控制磷负荷已经被认为治理富营养化湖泊的关键因素之一（秦伯强等，2006；张运林等，2006；翁焕新等，2007；张毅敏等，2007）。一般来说，湖泊中的磷元素来源可以划分为点源和面源2种，又称外源污染。其中，如降水、径流、土壤渗流属于面源污染来源，而工业、市政污水、生活污水等排放属于点源污染来源。磷元素内部来源主要来自包括水生植物、藻类死亡后分解以及沉积物释放（许海等，2011；吴挺峰等，2012）。

湖泊沉积物完整地记录了历史时期湖泊生物地球化学过程、水文过程、区域气候、植被以及人类活动的演化过程，可获得上千年、百年，甚至十年尺度的古气候环境变化事件，目前被广泛地应用于过去全球变化、生物地球化学过程等研究，是认识古环境、古气候变迁的良好载体，也是研究湖泊生态环境演变规律的良好载体（Smith.，2003；Engstrom et al.，2006；刘恩峰等，2009；司霞莉等，2018；李敏等，2018）。

近年来，越来越多的研究通过沉积柱记录重建湖沼历史变迁，该方法对于在区域上相对独立而又受到较大影响的湖泊湿地生态系统而言是最为有效的方法之一，并且是理解干扰前湖泊水环境状态唯一可靠的方法（Smith.，2003；Engstrom et al.，2006）。太湖是我国长江中下游地区最为典型的大型浅水湖泊，也是富营养化较为严重的湖泊之一。太湖水环境的研究和治理一直得到各级政府和管理部门的高度重视，尤其自2007年太湖蓝藻大规模暴发，引发无锡市供水危机后，太湖的水环境治理引起了社会各界的广泛关注。近年来的研究发现，太湖水体营养盐浓度与底泥的分布存在密切关系（秦伯强等，2003；范成新等，2003；朱广伟等，2005），并且在空间上也与蓝藻水华的爆发区域相吻合（朱广伟，2008）。由于受水下测量技术的限制，前人对太湖沉积物的空间分布及层序特征一直缺乏全面的认识。以往对太湖污染的研究多集中在表层沉积物，而很少有研究关注于太湖污染、植被历史变迁。有研究证实，消减氮素不能控制浮游藻类总量。Wang 等（2008）基于对长江流域 40 多个湖泊的比较湖沼学研究认为，无论总氮浓度是高还是低，总磷都是浮游藻类群落的限制因子。而 David 等（2008）也证实了这一结论。其研究基于长期实验湖沼学提出了富营养化治理无需控氮的观点。这些研究共同揭示了通过消减氮负荷不能控制浮游藻类的总量。因此，本研究重点关注磷元素引起的太湖富营养化问题。用沉积柱定年技术反演太湖流域污染物、营养物质、沉积色素等历史变迁，通过多指标研究，重点关注磷（以下简称"P"）元素在浮游植物组成和生产中的实际变化是否明显。研究各种养分状态指标，包括 P，N，N/P，C 稳定同位素及藻色素在沉积柱中的分布。这对于了解太湖污染、人类活动历史变迁、浮游植物（藻类）变化具有重要意义。

第一节　太湖沉积物定年分析

沉积柱取样方法：根据研究目标、太湖流域水系和水环境质量情况确定东太湖（D）、小梅口（X）、贡山湾（G）三个主要采样点（图 2-1）。于 2011 年 5 月利用自重力柱状采样器采集沉积物柱状样（简称"沉积柱"）。沉积物样柱采集后迅速用橡胶塞密封，然后保持竖直状态尽快平稳地运回实验室，静置过夜以消除采集和运输过程中的干扰。

一、沉积物定年与污染物分析方法

1. ^{137}Cs、^{210}Pb 定年分析方法

按照自上而下每 1cm 一个样品进行分层（30cm），称取沉积物的鲜重，冻干样品 1~4g 用 ORTEC 低本底高纯锗 γ 能谱仪进行 ^{210}Pb、^{137}Cs 含量测定，来确定沉积物的沉积年代和过剩 ^{210}Pb 活度与深度关系。^{137}Cs 对 ^{210}Pb 定年时序进行标定。

2. 沉积物粒度分析方法

沉积物颗粒粒径的大小直接反映了沉积水动力状况。在湖泊沉积与环境演化的研究中，粒度作为一种重要的环境参数指标已经在许多的湖泊研究中得到了应用。一般来说，湖水的物理能量是控制沉积物粒度分布的主要因素，细粒和粗粒分别代表了湖水能量降低和增加的阶段，即粒度直接反映了湖水的水动力条件，还可以反映湖泊的进退。沉积物

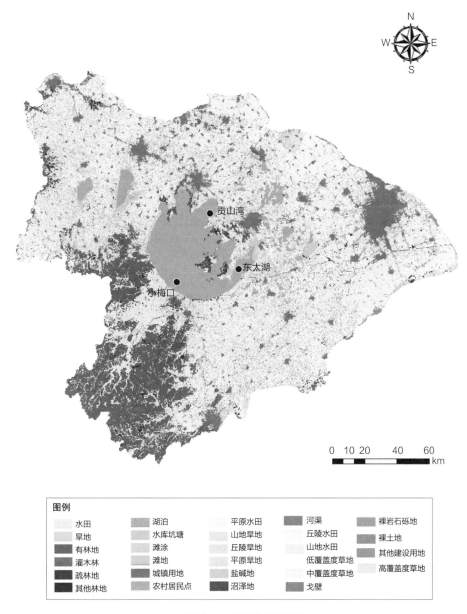

图 2-1 取样点位置示意

粒度分析用 Malvern Masterisizer 2000 激光粒度仪测定。

3. 沉积物密度、水分含量、碳酸盐及有机质含量分析方法

含水量可以说明水位条件，含水量高则说明湖面常处于高水位，含水量底则说明湖面常处于低水位。有机质可以说明初始生产力，值大，说明该湖泊生产力高；值小，说明该湖泊生产力小。利用标准 Loss on Ignition (LOI) 法测定沉积物密度、水、有机质及碳酸盐含量 (Heiri et al., 2001)。

4. C、N、P 养分含量分析方法

N、P 含量主要用来反映富营养化状况。C/N 比值也可以反映湖泊内源及陆源有机质量。一般来说，湖泊内源有机质 C/N 比值较小，而陆源有机质 C/N 较大。取适量冻干样品用元素分析仪测定 C、N、P 等养分含量。

5. 沉积物色素 (sediment pigments) 分析方法

古色素学研究一般采用 7 个指标，即：叶绿素及其衍生物 (CD)、总胡萝卜素 (TC)、蓝藻叶黄素 (Myx)、颤藻黄素 (Osc)、自然叶绿素 (NC) 以及 CD/TC 比值、Osc/Myx 比值。叶绿素及其衍生物 (CD)、总胡萝卜素 (TC) 均指示湖泊的初级生产力水平。蓝藻叶黄素 (Myx) 指示浮游生物中蓝藻科的含量，为浮游生物中占主导地位的蓝藻科提供重要的沉积证据。颤藻黄素 (Osc) 仅存在于颤藻科的颤藻属 (*Oscillaria*) 和节旋藻属 (*Arthrospira*) 中，由于颤藻属被认为是湖泊明显富营养化时首先在浮游植物中占主导地位的植物之一，颤藻黄素可以揭示历史时期湖泊富营养的变化。自然叶绿素 (NC) 代表沉积物中未分解叶绿素的含量，能够较好地指示沉积物中色素保存程度，高的 NC 值反映沉积物中色素保存程度较好。CD/TC 比值可作为衡量内源和外源有机质贡献率大小的指标。湖泊沉积物中高 CD/TC 通常指示外源有机质含量增加，而低 CD/TC 值则表明沉积物保存条件较好或湖泊初级生产力增加。Osc/Myx 比值通常用来表示湖泊中颤藻科与蓝藻科植物相对含量变化。当 Osc/Myx>1 时，指示了颤藻占主导的生物群特征，反之，则表示蓝藻科占优势，这时可能对应于湖泊的富营养化程度增加。色素含量的测定参考 Swain (1985) 的方法：90% 丙酮萃取，对萃取液采用不同的处理方法后，使用 UV-8500 型紫外分光光度计，根据色素的

特有波长特性，分别测定叶绿素及其衍生物总量（CD）、总类胡萝卜素（TC）、自然叶绿素（NC）、颤藻黄素（Myx）和蓝藻叶黄素（Osc）的吸光值，并根据文献中提供的公式计算各色素的含量。主要测试指标及使用仪器：马弗炉烧失法（loss on ignition）测定有机质、碳酸盐含量、无机质含量。EA 3000 元素分析仪（Elemental Analysis Equipment）测定土壤总有机 C、全 N；电感耦合等离子体原子发射光谱仪（Inductively Coupled Plasma Atomic Emission Spectrometry）测定 P 浓度；激光粒度分析仪（Laser Particle Size Analyzer）进行粒度分析；γ 能谱分析系统（Gamma Counting System）进行 ^{137}Cs、^{210}Pb 测定；紫外分光光度计（UV Spectrophotometer）进行藻色素分析。

二、沉积物定年结果分析

在太湖中选取人为干扰小，底泥沉积层较厚的东太湖（D）、小梅口（X）和贡山湾（G）作为典型样地，于 2011 年 5 月和 2012 年 6 月采样，同时进行了 ^{137}Cs，^{210}Pb 测定，确定沉积柱各层对应的年代（图 2-2 和图 2-3）。图 2-2 和图 2-3 显示东太湖在 20cm 深度为 1963 年形成沉积层，而小梅口在 34cm 深度为 1963 年形成沉积层。

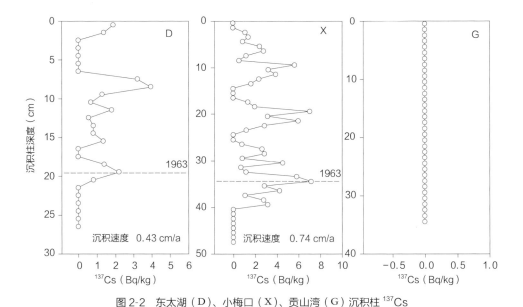

图 2-2　东太湖（D）、小梅口（X）、贡山湾（G）沉积柱 ^{137}Cs

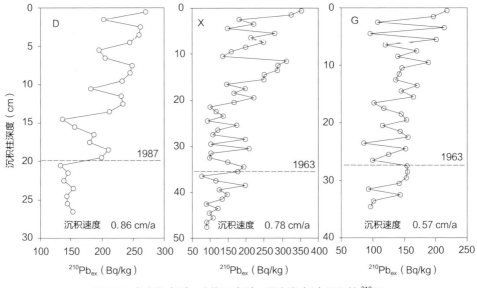

图 2-3　东太湖（D）、小梅口（X）、贡山湾（G）沉积柱 ^{210}Pb

第二节　近 50 年太湖水质演变过程

一、沉积柱 C、N、P 含量

沉积柱 C、N、P 含量分析结果显示,东太湖是草型湖泊,20 世纪 70 年代发生 N、P 快速增加。但随着产业转型以及生态保护措施的逐渐加大,东太湖沉积柱 P 浓度在近 15 年呈现逐渐降低趋势。小梅口沉积柱 P 浓度在 20 世纪 70 年代发生快速增长,N 则在 20 世纪 70 年代之前快速增长,20 世纪 70 年代后又快速降低,这与外源输入变化有关。贡山湾沉积柱显示 N、P 整体变化趋势比较平稳,未发生明显下降或者上升趋势。根据东太湖和小梅口沉积柱前面的 N、P 的变化特征,该柱体变化原因可能存在人为干扰导致的沉积物混合使得 N、P 浓度变化存在变异性,如清淤工程等(图 2-4 至图 2-6)。

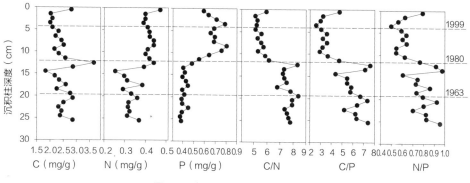

图 2-4　东太湖沉积柱 C、N、P 含量

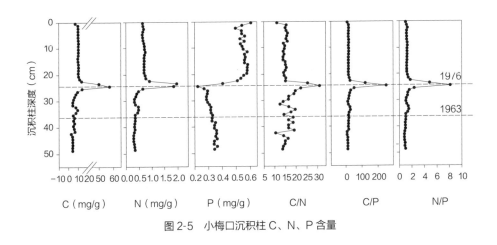

图 2-5 小梅口沉积柱 C、N、P 含量

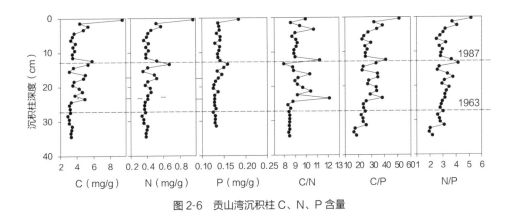

图 2-6 贡山湾沉积柱 C、N、P 含量

二、沉积柱各指标间关系研究

沉积柱各指标间关系定量分析表明，在 20 世纪 70 年代后，太湖经历了养分迅速增长时期。δ¹³C 记录表明，全球变暖也可能是除富营养化之外造成近年来太湖藻类爆发的原因之一。研究发现磷浓度与总胡萝卜素（TC）呈显著正相关关系（$P < 0.05$，图 2-7），表明磷与藻类生产力的关系密切相关，而 δ¹³C 降低表明温度增加（图 2-8）可能是藻类爆发的原因之一。

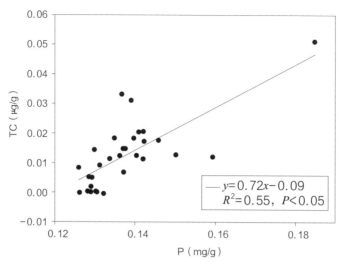

$$y = 0.72x - 0.09$$
$$R^2 = 0.55, \ P < 0.05$$

图 2-7　贡山湾沉积柱 P 浓度与总胡萝卜素间关系

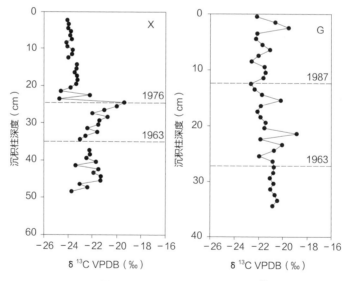

图 2-8　小梅口、贡山湾沉积柱 δ ^{13}C

第三节   基于多种沉积记录指标的太湖水体
富营养化分析

一、沉积柱有机质含量分析

沉积柱有机质含量分析结果显示，东太湖有机质含量呈现先降低后增加趋势，在20世纪 70 年代末期开始降低，到了 20 世纪末期开始逐年增加。而小梅口有机质含量呈现逐年降低趋势，但降低趋势较为平缓。贡山湾有机质含量无明显变化趋势，总体上变化不大（图 2-9）。

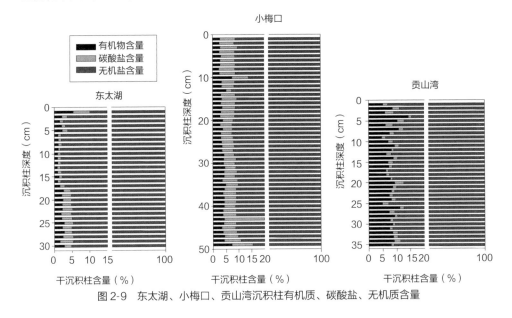

图 2-9　东太湖、小梅口、贡山湾沉积柱有机质、碳酸盐、无机质含量

二、沉积柱色素含量分析

古色素学研究一般采用 7 个指标指示湖泊的初级生产力水平，即：叶绿素及其衍生物（CD）、总胡萝卜素（TC）、蓝藻叶黄素（Myx）、颤藻黄素（Osc）、自然叶绿素（NC）以及 CD/TC 比值、Osc/Myx 比值。蓝藻叶黄素（Myx）指示浮游生物中蓝藻科的含量，为浮游生物中占主导地位的蓝藻科提供重要的沉积证据。颤藻黄素（Osc）仅存在于颤藻科的颤藻属和节旋藻属中，由于颤藻属被认为是湖泊明显富营养化时首先在浮游植物中占主导地位的植物之一，颤藻黄素可以揭示历史时期湖泊富营养的变化。自然叶绿素（NC）代表沉积物中未分解叶绿素的含量，能够较好地指示沉积物中色素保存程度，高的 NC 值反映沉积物中色素保存程度较好。CD/TC 比值可作为衡量内源和外源有机质贡献率大小的指标。湖泊沉积物中高 CD/TC 通常指示外源有机质含量增加，而低 CD/TC 值则表明沉积物保存条件较好或湖泊初级生产力增加。Osc/Myx 比值通常用来表示湖泊中颤藻科与蓝藻科植物相对含量变化。当 Osc/Myx > 1 时，指示了颤藻占主导的生物群特征，反之，则表示蓝藻科占优势，这时可能对应于湖泊的富营养化程度增加（图 2-10 至图 2-12）。

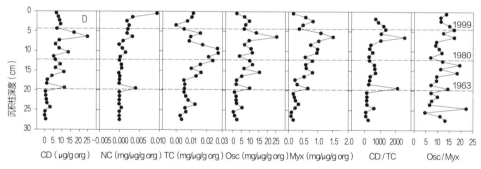

图 2-10　东太湖沉积柱藻色素含量

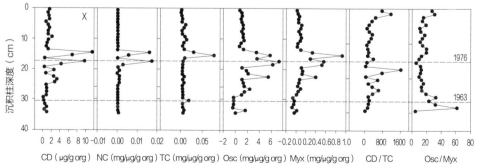

图 2-11　小梅口沉积柱藻色素含量

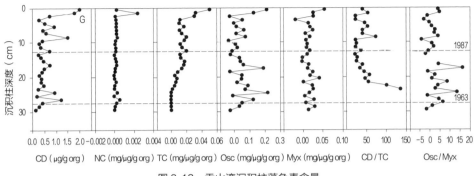

图 2-12　贡山湾沉积柱藻色素含量

　　沉积柱色素含量分析结果显示，发现 Osc 及 Myx 在柱芯上层降低趋势，可能与前述一致，解释了控藻成效。Osc/Myx > 5，表明该区基本没有严重的藻类爆发。与东太湖实际情况较为一致。小梅口地处入湖河流附近，所以整个柱芯沉积色素含量都较低。仅在 20 世纪 70 年代末记录了一次藻类爆发，与前述 P 浓度的升高一致。贡山湾柱芯分析表明：总胡萝卜素具有明显的增加趋势，表明该区生物生产力的增加，藻类爆发比较频繁。特别是 Osc/Myx 值约等于 1，表明该区富营养化程度较为严重，藻类爆发。

第四节　讨论与结论

　　作为"地球之肾"的湿地，特别是湖泊湿地，其水体富营养化等问题一直是环境科学领域探讨的热点和难点（杨桂山等，2010）。随着经济的发展和生活水平的提高，人们的生活用水、工农业用水急剧增加，城市水体富营养化日趋严重，藻类水华现象时有发生，严重影响城市用水安全。虽然采取各种措施来控制其富营养化和减缓藻类水华爆发频率，但无论是源头控制（如面源污染控制和底泥疏浚等）消减营养负荷，还是采用各种除藻措施（如人工打捞和投放杀藻剂等），均未能取得预期的效果或只在短期内有效，有的因采用不当的处理方法反而加剧了原本脆弱的水生态系统进一步恶化（王开宇，2001；濮培民，2001；李春雁和崔毅，2002；赵生才，2004），其原因在于没有阐明藻类水华发生机理而盲目进行治理，其结果是事倍功半，治标不治本。也说明目前针对湖泊藻类水华发生机理的研究还略显单薄，多数研究停留在短期内监测研究，缺乏从历史发展角度探讨大型湖泊水环境演变规律，也导致了现有结果往往缺乏系统性，脱离了客观事物发展规律。现有大型湖泊研究结果又难以被实践应用。因此，从历史角度出发，借助沉积物反演太湖水环境演变规律具有重要的实践应用价值，对发展新的藻类水华控制技术具有重要的现实意义。

　　诸多研究证实湖泊底泥不仅是水体营养盐的汇，一定条件下，还能再释放营养盐，从而成为上覆水体富营养化的源。湖滨带是水陆生态交错带的一种类型，是维系湖泊生态健康的天然屏障。湖滨带由于水深浅、水位变化影响突出、底泥极易受风浪干扰而再悬浮，从而影响湖泊水质，造成水生生态系统的连锁反应。如尹延震（2014）等研究表明，风浪作用下，洱海湖滨带近岸水质劣于远岸水质；尤本胜等（2008）对风浪作用下太湖草型湖区沉积物的再悬浮与沉降的模拟实验表明，中、小风速（风速分别为5.1 m/s、3.2 m/s）下，水体N、P含量都呈显著增大趋势。同样，Tammeorg等（2013）等研究风速、水位、水温对沉积物再悬浮量以及悬浮物水体中总磷、可溶性活性磷浓度的影响后证实，沉积物再悬浮是导致富营养化的重要因素。磷是构成水体初级生产力和食物链最重要的生源要素，是湖泊富营养化的关键限制性因子，是引起湖泊富营养化的关键因子。尽管本研究发现20世纪70年代前后太湖局部湖区发生了N较显著的变异现象。特别是小梅口沉积柱N在20世纪70年代之前快速增长，20世纪70年代后又快速降低。但Wang等（2008）和David等（2008）相关研究认为P元素才是湖泊富营养化关键。其研究也告诉我们控制P元素有助于提升水体富营养化治理的效率，对指导太湖湿地管理和生态修复工程具有重要的参考价值。沉积物　源磷的释放对推动富营养化的发生具有重要的作用，因而湖泊水环境中磷循环及其对生态系统的影响一直是环境科学的热点研究方向（赵欣胜等，2011；吴晓辉，李其军 2010；许海等，2011；秦伯强等，2006；张毅敏等，2007）。

关于藻类水华发生规律的研究早在20世纪80年代初就已开始，Jorgensen（1983）指出藻类的生长是富营养化的关键过程，浮游藻类生产力与氮、磷负荷的相互作用和关系密切。

磷在湖泊沉积物中以各种化学形态存在，不同形态磷的生物有效性不同，对水体富营养化过程的影响也不同，溶解性磷最容易被浮游生物利用，而颗粒态磷则很难被浮游生物所利用，磷的总量分析不足以反映其生物有效性。因此研究沉积物中各种磷形态对认识湖泊富营养化进程和富营养化湖泊的治理有重要意义。富营养化状况的变化与流域气候、水体水位以及非点源污染有关（秦伯强，2002；赵生才，2004）。底泥释磷对水体富营养化也有一定的影响，升高水温或降低上浮水溶解氧浓度均能加速底泥释磷（秦伯强，2002，2003；赵生才，2004；彭虹和郭生练，2002）。藻类水华的形成与发展是生态系统内藻类与环境多种因素作用的结果，它与营养物浓度、光照、温度、透明度、藻类浓度等各方面化学、物理、生物、地理指标有密切的联系（秦伯强，2002；赵生才，2004；路娜等，2010）。

太湖流域发展起来的纺织、造纸、农药、化肥等重污染行业自20世纪60年代开始，至70~90年代盛行，对太湖流域水环境造成了负面影响。太湖流域水环境与人类活动之间存在相互制约、相互作用的关系。从 20 世纪 60 年代起，随着经济的发展、工业化与城市化进程的加速，太湖流域水环境不断恶化，具有表征意义的太湖水体的 TP、TN、COD 浓度不断上升。通过对太湖的梅梁湾、夹浦以及东太湖底泥样品定年和 P、C、N、沉积物密度、水分含量、沉积物色素、碳酸盐及有机质含量等反演分析，发现东太湖水质在 20 世纪 80 年代末和 90 年代初出现拐点，说明水体磷浓度开始逐年增加；而梅梁湾水体磷浓度变化不大，这可能与沉积物受到人为干扰无法反演历史演变有关。对东太湖沉积柱粒度分析则表明，下层沉积物粒径小于 16 μm 的颗粒百分比含量较高，但从 18 cm 处（约为 20 世纪 70 年代）开始出现明显降低，可以推测，太湖上游流域植被在 20 世纪 70 年代之前较好，粗颗粒的泥沙输入量较少。但在 20 世纪 70 年代之后，粗颗粒物含量明显升高，可能是由于植被破坏，水土流失严重引起的。

第 三 章

太湖岸带
湿地土壤
种子库研究

张曼胤 摄

种子库是指存在于土壤表面和土壤中全部存活的种子。种子库是植物群落的重要组成部分，是维持植被演替更新的物质基础，它能对植物群落所受到的破坏起到缓冲作用，减少种群灭绝的几率（Fenner，1991；Andrew，1999；Bakker et al.，2002）。通过种子库研究不但可以评价退化湿地生态系统质量或预测植被的发展动态，还可为湿地植被恢复的物种选择提供理论基础（Brown，1998；Middleton，2003；于顺利等，2007；Bossuyt et al.，2009；Neff et al.，2009）。随着20世纪90年代太湖大堤工程的建设，人工堤岸（堤坝）、筑堤和围垦改变了太湖岸带湿地的水文过程和浅滩环境致使湖滨带景观破碎、湿生植物群落萎缩生物多样性降低，同时太湖围垦现象仍然存在。目前对太湖岸带湿地的土壤种子库空间分布及其与环境因子的关系仍缺乏了解。太湖岸带作为防洪大坝而不断加高加固太湖岸带，硬质化比较严重岸带土壤受到的影响较为明显，部分岸带土壤受到严重破坏，岸带湿地退化严重。20世纪90年代，政府先后针对部分太湖岸带区域开展了湿地恢复工程。通过研究太湖岸带芦苇湿地土壤种子库与地上植被的关系，能为湿地植被恢复提供理论支持。

第一节　　太湖岸带种子库调查方法

　　太湖东部沿岸地上植被优势种主要包括芦苇（*Phragmites australis*）、芦竹（*Arundo donax*）、香蒲（*Typha orientalis*）、喜旱莲子草（*Alternanthera philoxeroides*）、水蓼（*Polygonum hydropiper*）、葎草（*Humulus scandens*）和酸模（*Rumex acetosa*）等。其中，酸模岸带靠近太湖湿地公园，主要由酸模、葎草、稗（*Echinochloa crusgalli*）、飞蓬（*Erigeron acer*）、狗尾草（*Setaria viridis*）、野大豆（*Glycine soja*）、芦苇、藜（*Chenopodium album*）、大车前（*Plantago major*）和酸模叶蓼（*Polygonum lapathifolium*）等物种组成。乔灌岸带主要由柽柳（*Tamarix chinensis*）、垂柳（*Salix babylonica*）、喜旱莲子草、芦苇、水蓼、菰（*Zizania latifolia*）、香蒲、假稻（*Leersia japonica*）、苦荬菜（*Ixeris polycephala*）、铁苋菜（*Acalypha australis*）、酸模叶蓼、稗和菟丝子（*Cuscuta chinensis*）等物种组成。农作物岸带主要是当地居民在岸带区开辟种植地进行农作物的栽种，主要物种包括番薯（*Ipomoea batatas*）、芝麻（*Sesamum indicum*）、豆类等作物，伴生植物包括葎草和灰绿藜（*Chenopodium glaucum*）等。天然芦苇岸带主要以芦苇和喜旱莲子草为优势种，伴生物种包括芦竹、野大豆、荠（*Capsella bursa-pastoris*）、葎草、水蓼和萝藦（*Metaplexis japonica*）等。

　　在春夏秋冬四季，依植被类型的不同在实验区内选酸模岸带、乔灌岸带、农作物岸带、天然芦苇岸带、短期恢复芦苇岸带、长期恢复芦苇岸带，每类岸带选取 5 个，每个岸带内随机选取 5 个样方（10 cm × 5 cm），每个样方分层取样（0～5 cm，5～10 cm，10～15 cm），将取自同一岸带的 5 个土样分层混匀，然后平铺到萌发盆中

（长 × 宽 × 高：10 cm × 5 cm × 5 cm），重复 5 次。为便于种子萌发，萌发盆置于人工气候箱中，并设定培养箱白天温度 30 ℃，时间 14 h；晚上温度 25 ℃，时间 10 h，空气湿度保持在 60%。每周记录 1 次萌发的物种种类及数量，幼苗一经鉴定立即移走，暂不能鉴定的幼苗至可鉴定为止。用 Simpson 多样性指数、Shannon-Wiener 多样性指数、Margalef 丰富度指数、Pielou 均匀度指数衡量种子库的物种组成变化特征。

对 6 类岸带进行植被调查。每个岸带随机取 6 个样方（1 m × 1 m），记录每个样方中植物种类和数目，盖度、多度、平均高度以及总盖度，共取样方 120 个。在每个种子库取样样地对应的小样方内对应取土样，按照分层取样（0~5 cm、5~10 cm、10~15 cm）。每个样点的土样均匀混合后带回实验室内分析，选取的指标包括土壤含水量、pH 值、电导率和土壤容重。用 CCA 分析不同环境因子对土壤种子库的影响。

第二节   太湖岸带湿地不同覆被类型的
种子库时空异质性

一、不同覆被类型种子库物种结构

在酸模岸带、乔灌岸带、农作物岸带、天然芦苇岸带 4 种植物覆被下进行 3 次调查（2010 年春季 4 月、夏季 8 月、秋季 11 月），共计检出 30 种物种，4 月、8 月和 11 月分别萌发了 21 种、16 种和 18 种物种（表 3-1）。4 种生境土壤种子库的物种种类都由草本植物构成，且一年生草本所占比例与多年生草本所占比例相差不大。从不同生活型物种组成来看，一年生和多年生草本占所有萌发物种的 90% 以上。其中，稗、碎米荠（*Cardamine hirsuta*）、酸模、喜旱莲子草、天胡荽（*Hydrocotyle sibthorpioides*）、芦苇、水莎草（*Juncellus serotinus*）、鼠麹草（*Gnaphalium affine*）、湿地勿忘草（*Myosotis caespitosa*）、牛筋草（*Eleusine indica*）、蔊菜（*Rorippa indica*）等 11 种植物在 3 次调查中都出现。在酸模岸带，酸模在 3 期皆有出现；乔灌岸带喜旱莲子草、鼠麹草、湿地勿忘草、天胡荽、芦苇、水莎草 6 种物种皆出现；而农作物岸带包括稗和芦苇的 2 种物种在 3 期皆出现，天然芦苇岸带包含牛筋草和蔊菜的两种物种在 3 期皆出现，4 种生境土壤种子库共同物种只有稗。

天然芦苇岸带的种子库平均物种数在 11 月达到最高（图 3-1），其他各植被类型的种子库平均物种数均在 4 月达到最高。11 月 4 种不同覆被类型的土壤种子库物种数差异显著（$F = 9.902$，$P < 0.05$），不同采样时间和不同覆被条件下的土壤种子库平均物种数无显著差异。

表 3-1　太湖岸带湿地种子库的物种组成

物种	拉丁名	生活型	4月	8月	11月
稗	*Echinochloa crusgalli*	一年生草本	ABCD	BC	CD
碎米荠	*Cardamine hirsuta*	一年生草本	AB	B	AD
葎草	*Humulus scandens*	一年或多年生草本	A		
酸模	*Rumex acetosa*	多年生草本	A	ABD	ACD
喜旱莲子草	*Alternanthera philoxeroides*	多年生草本	BC	BD	BD
砂引草	*Messerschmidia sibirica*	多年生草本	B		
水蓼	*Polygonum hydropiper*	一年生草本	BC		
天胡荽	*Hydrocotyle sibthorpioides*	多年生草本	BC	B	B
芦苇	*Phragmites australis*	多年生草本	BCD	BCD	BCD
水莎草	*Juncellus serotinus*	多年生草本	BCD	B	B
附地菜	*Trigonotis peduncularis*	一年生草本	BC		
荠	*Capsella bursa-pastoris*	一年或二年生草本	B	D	BCD
田麻	*Corchoropsis tomentosa*	一年生草本	B		
鼠麹草	*Gnaphalium affine*	二年生草本	B	BC	B
针蔺	*Eleocharis valleculosa*	多年生草本	BC		
湿地勿忘草	*Myosotis caespitosa*	多年生草本	B	B	BD
铁苋菜	*Acalypha australis*	一年生草本	B		
酢浆草	*Oxalis corniculata*	多年生草本	B		
蔊菜	*Rorippa indica*	一年生草本	D	CD	D
羊蹄	*Rumex japonicus*	多年生草本	D		
牛筋草	*Eleusine indica*	一年生草本	D	CD	BD
谷精草	*Eriocaulon buergerianum*	一年生草本		B	

物种	拉丁名	生活型	4月	8月	11月
结缕草	*Zoysia japonica*	多年生草本		B	
鳢肠	*Eclipta prostrata*	一年生草本		C	CD
猪殃殃	*Galium aparine* var. *tenerum*	一年生草本		C	
繁缕	*Stellaria media*	一年生草本			BC
车前	*Plantago asiatica*	多年生草本			B
早熟禾	*Poa annua*	一年或多年生草本			C
堇菜	*Viola verecunda*	多年生草本			CD
看麦娘	*Alopecurus aequalis*	一年生草本			D

注：A. 酸模岸带；B. 乔灌岸带；C. 农作物岸带；D. 天然芦苇岸带。

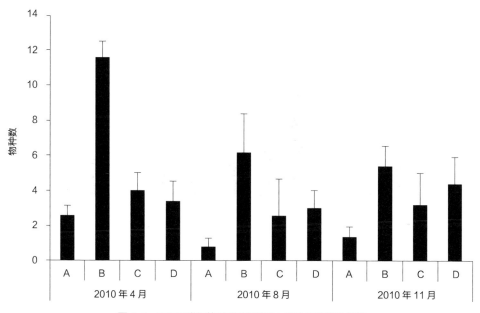

图 3-1　不同采样时间各覆被类型土壤种子库的物种数
A. 酸模岸带；B. 乔灌岸带；C. 农作物岸带；D. 天然芦苇岸带

二、不同覆被类型种子库垂直分布

4、8 和 11 月调查酸模岸带、乔灌岸带、农作物岸带和天然芦苇岸带内土壤种子库密度的垂直分布，随着土层的加深 4 种类型在不同时间段的垂直分布上大多呈下降趋势（图 3-2）。其中，4 月 4 类湿地覆被类型 0～5 cm 层土壤种子库的储量分别占垂直层次分布的 64.10%、60.44%、56.86% 和 69.05%。0～5 cm 层分别与中、下层具有显著差异（$P < 0.01$）。0～5 cm 层土壤不仅种子库储量最高物种数也最丰富。其中酸模岸带 0～5 cm 层物种数占总物种数的 75.0%；乔灌岸带区 0～5 cm 层物种数占总物种数的 87.5%；农作物岸带 0～5 cm 层物种数占总物种数的 87.5%；天然芦苇岸带 0～5 cm 层物种数占总物种数的 83.3%。8 月和 11 月乔灌岸带的 0～5 cm 层土壤种子库数量较第 5～10 cm、10～15 cm 层低，而酸模岸带、农作物岸带、天然芦苇岸带 3 种类型 0～5 cm 层土壤种子库的储量分别占垂直层次分布的 100%、71.43%、82.09% 和 100%、57.14%、74.63%。

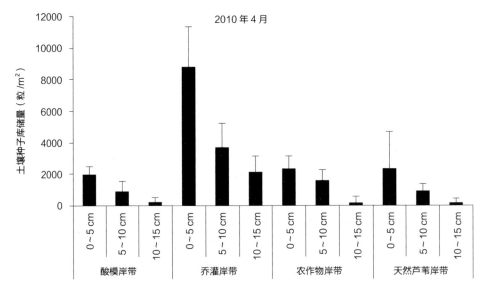

图 3-2　土壤种子库垂直分布（一）

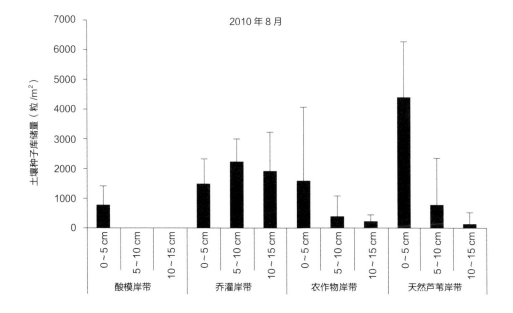

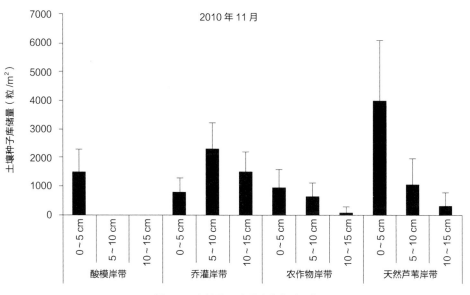

图 3-2　土壤种子库垂直分布（二）

三、不同覆被类型种子库时间异质性

比较不同时期太湖岸带湿地种子库，4月土壤种子库储量最高（图3-3）为 6280 ± 1731.20 粒 $/m^2$；8月与11月种子储量相对较低分别为 3520 ± 1605.92 粒 $/m^2$ 和 3300 ± 1505.00 粒 $/m^2$。4、8月与11月之间无显著差异（$P > 0.05$）。比较4种不同植物覆被类型，除了天然芦苇岸带外其余3种岸带土壤中种子库储量皆以4月最高，且随时间的变化明显；酸模岸带、乔灌岸带、天然芦苇岸带3种覆被类型种子库储量分别为 3120 ± 657.27 粒 $/m^2$、214560 ± 2920.27 粒 $/m^2$ 和 4080 ± 1145.43 粒 $/m^2$（图3-4）。

不同生活型草本植物的土壤种子库密度不同。在多年生草本植物占优势的区域，土壤种子库密度较小；而在一年生草本植物占优势的区域，土壤种子库密度较大。这主要是由于一年生草本植物种子数量较多、重量较轻。此外多年生草本植物的种子产量比一年生草本的种子产量低也是原因之一（Harper，1977）。从不同生活型物种组成来看，太湖流域湿地一年生和多年生草本占所有萌发物种的90%以上，且多年生多于一年生，故其种子库密度相对较高。另外，4种覆被类型中土壤种子库共同物种只有稗可能与其物种特性有关，其生态位宽度较广对干湿变化的环境具有较好的适应性。

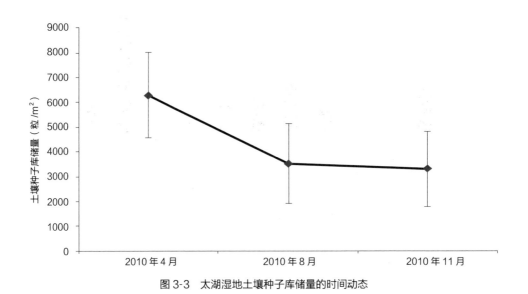

图3-3 太湖湿地土壤种子库储量的时间动态

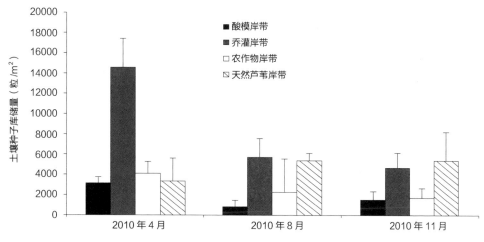

图 3-4　不同覆被类型的太湖岸带湿地土壤种子库季节动态

　　形成土壤种子库分布格局的机制可能与种子生产、扩散能力以及生境变化有关（徐洋等，2009；萧蒇等，2011）。一般来说，土壤种子库具有较为明显的垂直空间分布格局，物种数量及种子库密度在 0~5 cm 层土壤较高（Baldwin et al.，2001；Amiaud et al.，2004）。3 个不同时段内的种子库 0~5 cm 层大都高于下层，同样符合上述规律。一般来说，种子掉落到土壤 0~5 cm 层后经过动物践踏、搬运等多种方式进行二次分布而进入深层土壤中。多数种子储藏于土壤 0~5 cm 层有机会到达深层土壤的种子必然是少数（徐洋等，2009；Baldwin et al.，2001）。造成这种现象的原因可能是：0~5 cm 层土壤温湿度较为适宜，通气性也较好，而随着土壤深度的加深土质变硬，透气性变差，且种子在向下分布的过程中遇到的阻力也大（Capon et al.，2006；葛斌杰等，2010）。而在 8 月和 11 月乔灌岸带的 0~5 cm 层土壤种子库数量较第二、三层低。这可能跟该区 0~5 cm 层土壤中物种萌发特征有关，其萌发时间较早在 5、6 月即完成萌发。

　　种子库的季节变化是由种子生产、扩散、续存和周转决定的（Lamont et al.，1991；Leck，2003）。很多研究发现湿地土壤种子库的密度和物种组成具有明显的季节动态（王相磊等，2003）。种子的输入和输出是决定土壤种子库季节变化的物质基础，而这与物种成熟节律和种子散落规律密切相关（于顺利等，2007；唐樱殷等，

2011）。除天然芦苇湿地外，其余 3 种类型土层中种子库储量皆以 4 月最高。这可能是由于 4 月承接了大量的上年秋熟散落的种子，使土壤种子库的物种数量和密度达到高值。天然芦苇湿地在 4 月种子库储量较低，可能跟当地每年冬季对芦苇湿地进行火烧有关，当地政府每年冬季组织人力进行芦苇的人工收割及火烧。火烧之后温度过高可能使 0~5 cm 层土壤中的种子失去了活性。太湖岸带湿地种子库密度季节动态表现为春季（4 月）最多，其次为夏季（8 月），秋季（11 月）最少，这可能是因为春季积累了大量上一年秋冬季节留存下来的成熟种子经过冬季的"春化"过程，种子萌发率较高，种子库密度最大。至 8 月大部分种子在春季已经萌发，使土壤种子库的储量减少，种子库密度降低。11 月的秋季虽然部分成熟种子逐步进入湿地土壤中，但是由于并未经过"春化"过程，所以种子萌发率不高。同时 9、10 月降水量偏多（太湖流域管理局，2010）有些种子成熟后会因降水产生的地表径流而随水流走，种子库密度表现为最低。此外，部分物种的种子成熟后具有推迟散落的特征也使秋季土壤种子库密度受到影响。

第三节　太湖岸带湿地地表植被与环境因子对种子库的影响

一、太湖岸带湿地植物覆被特征

1. 植被物种组成

太湖岸带湿地植被共有 39 种，隶属于 20 科（表 3-2）。优势科禾本科、菊科、莎草科分别占此区域总科数的 21.62%、10.81%、10.81%。酸模岸带内优势种为酸模、飞蓬、田菁。乔灌岸带内优势种为芦苇、水蓼、喜旱莲子草。农作物岸带内优势种为芦苇、假稻、喜旱莲子草。天然芦苇岸带内优势种为芦苇、葎草、喜旱莲子草。酸模岸带灌木或乔木植物为柽柳，所占比例为 5.71%。乔灌岸带二年生草本植

表 3-2　地上植被优势物种的数量特征

物种	重要值			
	酸模岸带	乔灌岸带	农作物岸带	天然芦苇岸带
稗 *Echinochloa crusgalli*	5.9	6.7		
薄荷 *Mentha canadensis*		10.5		
柽柳 *Tamarix chinensis*	8.2			
酢浆草 *Oxalis corniculata*	6.8			

物种	重要值			
	酸模岸带	乔灌岸带	农作物岸带	天然芦苇岸带
大车前 *Plantago major*	3.9			
大狗尾草 *Setaria faberi*			2.3	
地锦 *Euphorbia humifusa*			4.2	
番薯 *Ipomoea batatas*			22.6	
飞蓬 *Erigeron acer*	56.1	2.6		11.3
狗尾草 *Setaria viridis*	4.6		6.1	
鬼针草 *Bidens pilosa*		7.8		
灰绿藜 *Chenopodium glaucum*			2.3	
假稻 *Leersia japonica*	5.7	13.2	42.3	
茭白 *Zizania latifolia*		8.3	13.7	14.5
荩草 *Arthraxon hispidus*	4.3	3.4		
苦荬菜 *Ixeris polycephala*		2.3		
藜 *Chenopodium album*	35.5		4.5	
柳叶菜 *Epilobium hirsutum*		3.3	3.1	
芦苇 *Phragmites australis*	4.5	80.3	106.3	146
芦竹 *Arundo donax*	4.5	4		
葎草 *Humulus scandens*	4.5	9	11	44.9
萝藦 *Metaplexis japonica*			2.5	18.7

物种	重要值			
	酸模岸带	乔灌岸带	农作物岸带	天然芦苇岸带
苘麻 *Abutilon theophrasti*			2.3	
球穗扁莎 *Pycreus flavidus*		3.1		
水鳖 *Hydrocharis dubia*			3.1	
水蓼 *Polygonum hydropiper*		62.8	11.9	19.2
酸模 *Rumex acetosa*	64			
酸模叶蓼 *Polygonum lapathifolium*	17.1	2.3		
天胡荽 *Hydrocotyle sibthorpioides*		5.5		
田菁 *Sesbania cannabina*	40	5.5	11.4	
铁苋菜 *Acalypha australis*	4.1	3.4	5	
菟丝子 *Cuscuta chinensis*		6		
喜旱莲子草 *Alternanthera philoxeroides*	16.1	60.1	26	45.5
香蒲 *Typha orientalis*	5.4		5.7	
野大豆 *Glycine soja*	3.9		5.3	
芝麻 *Sesamum indicum*			8.4	
猪毛蒿 *Artemisia capillaris*	5			

物飞蓬，占 1.72%。农作物岸带无二年生草本植物（图 3-5）。不同覆被类型的岸带以多年生草本生活型为主，酸模岸带多年生草本所占比例最少，为 45.71%；天然芦苇岸带多年生草本所占比例最大，为 81.82%。酸模岸带、乔灌岸带和农作物岸带的一年生草本植物所占比例接近（34.29%、39.66%、34.55%），只有天然芦苇岸带较低（13.64%）（图 3-5）。

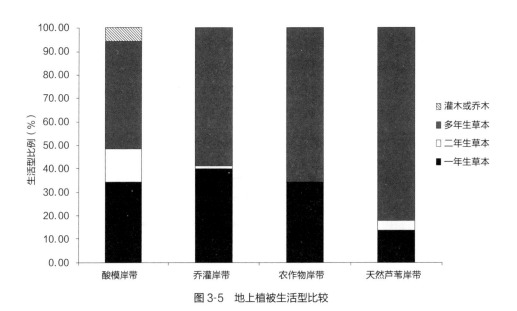

图 3-5　地上植被生活型比较

2. 地表植被生物多样性

比较 4 种不同岸带的多样性指数。乔灌岸带 Pielou 均匀度指数和 Shannon-Wiener 指数最高，分别为 0.929 和 1.882。农作物岸带 Margalef 丰富度最高，为 8.800。天然芦苇岸带的 Simpson 多样性指数最高，为 0.363。Pielou 均匀度指数最小为酸模岸带（0.773），Shannon-Wiener 指数最小为天然芦苇岸带（1.185），Margalef 丰富度最小为天然芦苇岸带（4.200），Simpson 优势度指数最小为乔灌岸带（0.172）（表 3-3）。

表 3-3　不同覆被类型地表植被生物多样性指数比较

多样性指数	酸模岸带	乔灌岸带	农作物岸带	天然芦苇岸带
Simpson 优势度指数	0.317	0.172	0.260	0.363
Margalef 丰富度	7.400	7.800	8.800	4.200
Pielou 均匀度指数	0.773	0.929	0.791	0.835
Shannon-Wiener 香奈－维纳指数	1.532	1.882	1.706	1.185

二、太湖岸带湿地种子库特征

1. 土壤种子物种组成

酸模岸带、乔灌岸带、农作物岸带、天然芦苇岸带 4 种太湖湿地岸带土壤种子库物种种类为 4 种、16 种、8 种、6 种植物。酸模岸带段一年生草本占 50%，多年生草本占 50%，且以碎米荠和稗为优势物种。乔灌岸带段一年生草本占 56.25%，多年生草本占 43.75%，且以莎草和砂引草为优势物种。农作物岸带段一年生草本占 50%，多年生草本占 50%，且以芦苇和水蓼为优势物种。天然芦苇岸带段一年生草本占 50%，多年生草本占 50%，且以藓菜和芦苇为优势物种。由此可见，土壤种子库由草本植物构成，且一年生草本所占比例与多年生草本所占比例相差不大（表 3-4）。同时有超过一半物种的标准差大于它的平均数表明在同一类型斑块的取样中个体数量的变化很大，这说明种子即使在同一斑块内也是异质分布。

2. 种子库物种多样性

酸模岸带、乔灌岸带、农作物岸带、天然芦苇岸带 Simpson 多样性指数的变化趋势与地上植被一致，在酸模岸带最大，为 0.512；乔灌岸带最小，为 0.135。乔灌岸带 Shannon-Wiener 多样性指数最大，为 2.18；酸模岸带最小，为 0.791。Margalef 丰富度指数乔灌岸带最大，为 11.600；酸模岸带最小，为 2.600；Pielou 均匀度指数在 0.828~0.964 之间，和地上植被的 Pielou 均匀度指数 0.773~0.929 较接近（图 3-6）。

表 3-4 4种覆被类型的种子库萌发的幼苗平均数和标准差

物种	生活型	酸模岸带		乔灌岸带		农作物岸带		天然芦苇岸带	
		均值	标准差	均值	标准差	均值	标准差	均值	标准差
稗 Echinochloa crusgalli	T	960	1043.07	1360	2031.75	640	829.46	80	178.89
附地菜 Trigonotis peduncularis	T			480	438.18	160	357.77		
蔊菜 Rorippa indica	T							1280	1073.31
芦苇 Phragmites australis	P			1040	920.87	1440	456.07	720	334.66
葎草 Humulus scandens	P	480	715.54						
牛筋草 Eleusine indica	T							800	1166.19
荠 Capsella bursa-pastoris	T			480	178.89				
砂引草 Tournefortia sibirica	P			2320	1035.37				
莎草 Cyperus rotundus	P			2640	536.66	160	357.77	320	521.54
湿地勿忘草 Myosotis caespitosa	P			320	334.66				
鼠麴草 Gnaphalium affine	T			320	334.66				
水蓼 Polygonum hydropiper	T			240	219.09	960	876.36		

物种	生活型	酸模岸带		乔灌岸带		农作物岸带		天然芦苇岸带	
		均值	标准差	均值	标准差	均值	标准差	均值	标准差
酸模 Rumex acetosa	P	80	178.89						
碎米荠 Cardamine hirsuta	T	1600	489.90	1520	995.99				
天胡荽 Hydrocotyle sibthorpioides	P			1040	456.07	80	178.89		
田麻 Corchoropsis tomentosa	T			880	521.54				
铁苋菜 Acalypha australis	T			80	178.89				
喜旱莲子草 Alternanthera philoxeroides	P			240	357.77	320	334.66		
羊蹄 Rumex japonicus	P			1280	1035.37				
针蔺 Eleocharis congesta	T			320	715.54	320	715.54	160	357.77
酢浆草 Oxalis corniculata	P			320	715.54				

注：一年生植物 Therophyte（T）；多年生植物 Perennial（P）。

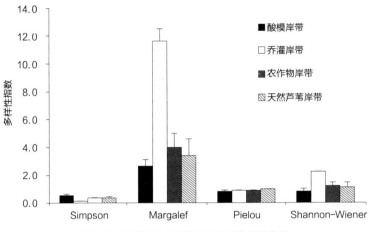

图 3-6　不同覆被土壤种子库物种多样性指数

三、种子库与地表植被物种组成的关系

地表植被与土壤种子库的种类组成及其数量特征密切相关。一方面地上植被是种子库中许多种类的直接来源，地上植被的生物学节律及季节变化影响着土壤种子库的动态。另一方面土壤种子库中的种子能够直接参与地上植被的更新和演替，种类、数量以及多样性携带大量群落演替的信息。然而，不同干扰往往会打破此种关系的连续性，导致许多不同生境的地上植被和土壤种子库关系也表现出不同特点。酸模岸带、乔灌岸带、农作物岸带、天然芦苇岸带土壤种子库和地表植被共同出现的物种数分别为 3、6、2、1 种，其相似性系数分别为 0.250、0.333、0.143、0.154（表 3-5）。

表 3-5　土壤种子库与地表植被物种组成的关系

类型	地表植被物种数	种子库物种数	仅地表存在的物种数	仅种子库存在的物种数	二者共有物种数	相似性系数
酸模岸带	20	4	17	1	3	0.250
乔灌岸带	20	16	14	10	6	0.333
农作物岸带	20	8	18	6	2	0.143
天然芦苇岸带	7	6	6	5	1	0.154

将地表植被和种子库出现的优势物种分为四类：Ⅰ类为地上植被和种子库都具有较高比例；Ⅱ类为地表植被占较高比例，而种子库的比例较小；Ⅲ类为种子库占很大比例而地表植被的比例较小；Ⅳ类为地上植被和种子库都具有较小比例。选择酸模岸带、乔灌岸带、农作物岸带、天然芦苇岸带内地表植被物种与种子库的种子占各自总重要值大于70%的优势物种相比较（图3-7），发现酸模岸带无共同优势物种；乔灌岸

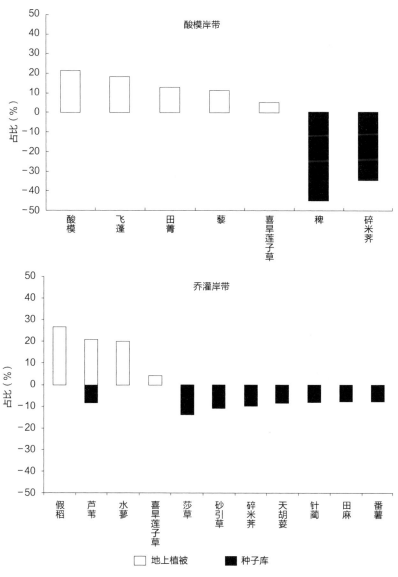

图 3-7 土壤种子库和地上植被优势物种比较（一）

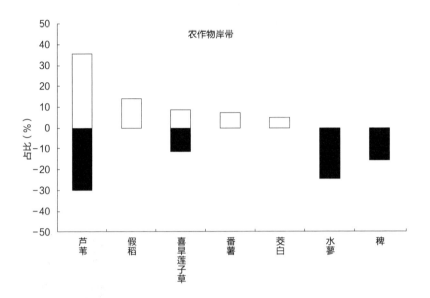

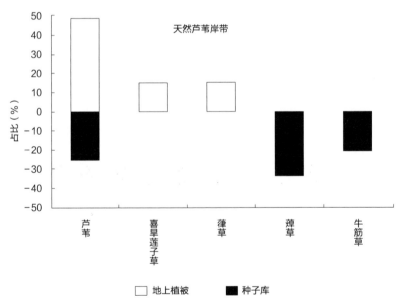

图 3-7　土壤种子库和地上植被优势物种比较（二）

带共同优势物种为芦苇，属于Ⅱ类；农作物岸带共同优势物种有 2 种，芦苇和喜旱莲子草，其中芦苇属于Ⅰ类，喜旱莲子草属于Ⅳ类；天然芦苇岸带共同优势物种为芦苇，属于Ⅱ类。种子库中优势物种的生活型以一年生草本（45%）和多年生草本（50%）为主，而二年生草本却相对稀少。

四、土壤环境对种子库分布的影响

太湖流域湿地土壤含水量较高，均超过 25%（0～15 cm 土层）；土壤含盐量较低土壤浸提液电导率为 0.21～0.60 dS/m。乔灌岸带和天然芦苇岸带土壤呈弱酸性，酸模岸带和天然芦苇岸带土壤表现出弱碱性。

各个环境因子间进行相关分析结果表明，在 0～5 cm 层 pH 值与土壤电导率及容重均呈显著正相关（$P < 0.01$），相关系数分别为 0.927 和 0.945；pH 值与土壤含水率及植被盖度呈显著负相关（$P < 0.05$），相关系数分别为 -0.504 和 -0.471；容重与电导率和植被盖度分别呈显著正相关和显著负相关（$P < 0.01$），相关系数分别为 0.880 和 -0.629；含水率与电导率呈显著负相关（$P < 0.05$），相关系数分别为 -0.448。在 5～10 cm 层 pH 值与土壤电导率及容重间均呈显著正相关（$P < 0.01$），相关系数分别为 0.800 和 0.977；pH 值与土壤含水率呈显著负相关（$P < 0.05$），相关系数为 -0.518；容重与电导率呈显著正相关（$P < 0.01$），相关系数为 0.813。在 10～15 cm 层中 pH 值与土壤电导率及容重间均呈显著正相关（$P < 0.01$），相关系数分别为 0.842 和 0.590；pH 值与土壤含水率呈显著负相关（$P < 0.05$），相关系数为 -0.863；含水率与电导率呈显著负相关（$P < 0.05$），相关系数分别为 -0.572（表 3-6）。

在 0～5cm 层中土壤含水率和植被盖度分别与 CCA 第一排序轴呈显著的负相关和正相关（$P < 0.01$），相关系数分别为 -0.847 和 0.567。植被盖度与环境因子第二排序轴呈显著的负相关（$P < 0.01$），相关系数为 -0.819。pH 与 CCA 第二排序轴呈显著正相关（$P < 0.05$），相关系数为 0.452（表 3-7）。

在 5～10cm 层中土壤 pH 值、电导率和容重分别与 CCA 第一排序轴呈显著的正相关（$P < 0.01$），相关系数分别为 0.884、0.609 和 0.765。而土壤含水率与 CCA

表 3-6　环境因子相关分析

土层	指标	pH 值	含水率	电导率	容重	盖度
0~5 cm	pH 值	1				
	含水率	−0.504*	1			
	电导率	0.927**	−0.448*	1		
	容重	0.945**	−0.194	0.880**	1	
	盖度	−0.471*	−0.23	−0.188	−0.629**	1
5~10 cm	pH 值	1				
	含水率	−0.518*	1			
	电导率	0.800**	−0.362	1		
	容重	0.977**	−0.326	0.813**	1	
10~15 cm	pH 值	1				
	含水率	−0.863**	1			
	电导率	0.842**	−0.572**	1		
	容重	0.590**	−0.312	0.303	1	

注：**$P < 0.01$；*$P < 0.05$。

表 3-7　环境因子与 CCA 排序轴相关系数

因子	0~5 cm		5~10 cm		10~15 cm	
	ENVI AX 1	ENVI AX 2	ENVI AX 1	ENVI AX 2	ENVI AX 1	ENVI AX 2
pH 值	−0.032	0.452*	0.884**	−0.164	0.701**	0.115
含水率	−0.847**	−0.253	−0.845**	−0.375	−0.916**	−0.301
电导率	−0.045	0.086	0.609**	0.330	0.242	0.377
盖度	0.567**	−0.819**	−	−	−	−
容重	−0.357	0.427	0.765**	−0.248	0.426	−0.731**

注：**$P < 0.01$；*$P < 0.05$。

第一排序轴呈显著负相关（$P < 0.01$），相关系数为 -0.845。

在 10～15cm 层中土壤 pH 值与 CCA 第一排序轴呈显著的正相关（$P < 0.01$），相关系数为 0.701。而土壤含水率则与 CCA 第一排序轴呈显著负相关（$P < 0.01$），相关系数为 -0.916。容重与 CCA 第二排序轴呈显著负相关（$P < 0.01$），相关系数为 -0.731。

通过环境因子与排序轴分析，得出 0～5cm 层第一排序轴主要反映了土壤含水率，第二排序轴反映了植被盖度；5～10cm 层第一排序轴主要反映了土壤 pH 值；10～15cm 层第一排序轴主要反映了土壤含水率而第二排序轴反映了土壤容重。

土壤 0～5cm 层前 2 个排序轴的特征值分别为 0.85 和 0.62。CCA 第一排序轴解释了 46.3% 的土壤种子库物种组成变化，即解释了土壤种子库与环境之间关系的 46.3%。第二排序轴进一步解释了 33.3% 的土壤种子库变化。第一排序轴和第二排序轴共解释了 79.6% 的土壤种子库分布与环境之间的关系。

5～10cm 层前 2 个排序轴的特征值分别为 0.68 和 0.53。CCA 第一排序轴解释了 46.5% 的土壤种子库物种组成变化，第二排序轴进一步解释了 36.6% 的土壤种子库变化。第一排序轴和第二排序轴共解释了 83.1% 的土壤种子库分布与环境之间的关系。

10～15cm 层前 2 个排序轴的特征值分别为 1 和 0.59。CCA 第一排序轴解释了 38.6% 的土壤种子库物种组成变化，第二排序轴进一步解释了 22.8% 的土壤种子库变化。第一排序轴和第二排序轴共解释了 61.4% 的土壤种子库分布与环境之间的关系（表 3-7）。

CCA 排序图能够很好地揭示种子库分布与环境梯度之间的关系。图 3-8 中箭头代表各个环境因子；箭头所处象限代表环境因子与排序轴间的正负相关性；箭头连线长短代表植物群落分布与该环境因子相关性的大小。连线越长，相关性越大；连线越短，相关性越小（张金屯，2004）。

土壤种子库中各物种在 CCA 二维排序空间中的位置差异较大（图 3-8），每种物种都有自己的分布区域，表明它们各自具有其适宜的生境需求。太湖岸带湿地土壤 0～5cm 层第一排序轴主要反映了土壤含水率第二排序轴反映了植被盖度；5～10cm 层第一排序轴主要反映了土壤 pH 值；10～15cm 层第一排序轴主要反映了土壤含水率，第二排序轴反映了土壤容重。在 0～5cm 层中根据 5 个主要环境因子的分布特征

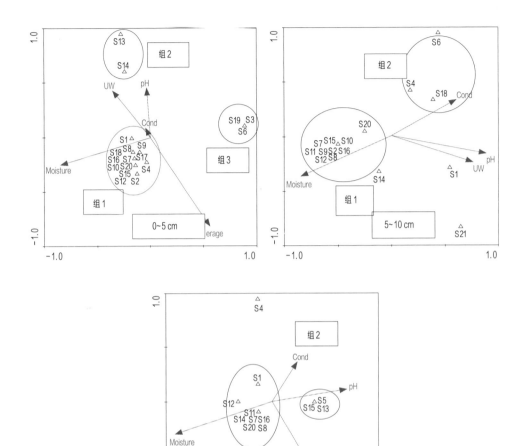

图 3-8　土壤种子库物种的 CCA 排序

S1. 稗 *Echinochloa crusgalli*；S2. 附地菜 *Trigonotis peduncularis*；S3. 蔊菜 *Rorippa indica*；S4. 芦苇 *Phragmites australis*；S5. 葎草 *Humulus scandens*；S6. 牛筋草 *Eleusine indica*；S7. 荠 *Capsella bursa-pastoris*；S8. 砂引草 *Tournefortia sibirica*；S9. 莎草 *Cyperus rotundus*；S10. 湿地勿忘草 *Myosotis caespitosa*；S11. 鼠麴草 *Gnaphalium affine*；S12. 水蓼 *Polygonum hydropiper*；S13. 酸模 *Rumex acetosa*；S14. 碎米荠 *Cardamine hirsuta*；S15. 天胡荽 *Hydrocotyle sibthorpioides*；S16. 田麻 *Corchoropsis tomentosa*；S17. 铁苋菜 *Acalypha australis*；S18. 喜旱莲子草 *Alternanthera philoxeroides*；S19. 羊蹄 *Rumex japonicus*；S20. 针蔺 *Eleocharis congesta*；S21. 酢浆草 *Oxalis corniculata*

CCA 排序可将土壤种子库中的 18 种植物分为 3 个组。组 1 包括稗、附地菜、芦苇、荠、砂引草、莎草、湿地勿忘草、水蓼、天胡荽、田麻、铁苋菜、喜旱莲子草、针蔺等 13 种物种，位于排序轴的左端对应于土壤含水量较多的样地；组 2 包括藜菜、牛筋草和羊蹄等 3 种物种，主要分布在排序轴的左上方对应于容重和土壤 pH 值相对较高的样方；组 3 包括酸模和碎米荠等 2 种物种，主要分布在排序轴的右上方对应于相对干燥且草本盖度较大的样方。

在 5~10 cm 层中根据 4 个主要环境因子的分布特征，CCA 排序可将土壤种子库中的 16 种植物分为 2 个组。组 1 包括碎米荠、附地菜、荠、砂引草、莎草、湿地勿忘草、鼠麹草、水蓼、天胡荽、田麻和针蔺，主要分布在排序轴的最左侧对应于土壤含水率较大的样方；组 2 包括芦苇、牛筋草和喜旱莲子草等 3 种物种，更能适应盐度较高的环境。此外，稗受土壤容重和土壤 pH 值的影响较大，而酢浆草只在第二层次中出现过说明其受环境影响较低。

在 10~15 cm 层中根据 4 个主要环境因子的分布特征，CCA 排序可将土壤种子库中的 11 种植物分为 3 个组。组 1 包括荠、砂引草、鼠麹草、碎米荠、田麻、针蔺和稗，主要分布在排序轴的左中侧对应于土壤含水较多的样方；组 2 包括葎草、酸模和天胡荽，主要分布在排序轴的右中侧适应于 pH 值较高的土壤环境条件。芦苇种子在第三层土壤中的分布与以上几个环境因子影响不大，这跟芦苇的生态阈值较大有关，其适应生态环境的能力较强。

湿地种子库的物种组成和地表植被或群落类型有着密切的关系，其物种组成主要受地表植被组成的影响（Liu et al., 2005）。另外，群落所处演替阶段、动物捕食、水文、干旱等各种因素也对种子库的物种组成产生影响。太湖岸带湿地地表植被和种子库的相似性比较小，部分土壤种子库存在的物种并未迅速在地表植被中形成优势度较高的群落。同时，部分地表植被中的建群植物在土壤种子库中很少出现或未出现，这说明种子库物种组成与地表植被物种组成存在一定的差异。主要原因有以下 3 点：①与种子繁殖能力有关；②与地表植被建群种种子寿命有关；③与植物生活型有关（Harper, 1977）。

土壤种子库的分布格局与很多因素（如种子大小、种子寿命、环境因子、植被类型、演替阶段、土壤质地等）有关（Baldwin et al., 2001；Clements et al., 2007；Wellstein et al., 2007；王相磊等，2003）。通过典范对应分析土壤 pH 值、含水量、土壤含盐量和植被盖度等 5 个环境因子，均影响该地区土壤种子库分布格局。这跟李吉玫等（2009）应用典范对应分析研究塔里木河下游种子库分布格局及其与环境因子的关系结果相似。其研究表明地下水埋深、土壤含水量、电导、pH 值和植被盖度等 5 个环境因子对种子库分布格局有一定的影响。荠、砂引草、田麻和针蔺在土壤各层次中均有分布，且主要分布于土壤含水率较高的区域，说明其受土壤含水率的影响较大。

第四节　太湖岸带湿地恢复对土壤种子库的影响

一、不同芦苇恢复期种子库物种多样性

太湖芦苇岸带湿地不同芦苇恢复期共发现 22 种植物（表 3-8）。4、8 月和 11 月短期芦苇恢复区岸带和天然芦苇覆被类型中均出现的 2 种物种为荠和芦苇。此外，在短期芦苇恢复区覆被类型 3 期调查时间段内皆有出现的物种为一年生草本植物稗。在长期芦苇恢复区岸带 3 期调查时间段内皆有出现的物种为多年生草本植物酸模。而在 NR（天然芦苇岸带）3 期调查时间段内皆有出现的物种为一年生植物蒪菜。在 3 期调查时间段内 3 种类型对应短期恢复岸带 SR、长期恢复岸带 LR、天然芦苇岸带 NR 平均物种丰度分别为 633、313 和 214（表 3-9）。Sorensen 相似性指数表明除同一类型在不同时间段内相似性较高外，不同类型在不同时段内相似性较低（表 3-10）。

表 3-8　土壤种子库特征

物种	拉丁名称	生活型	4月	8月	11月
铁苋菜	*Acalypha australis*	T	SR		
喜旱莲子草	*Alternanthera philoxeroides*	P		SRNR	NR
荠	*Capsella bursa-pastoris*	T or B	SRNR	SRNR	SRNR

物种	拉丁名称	生活型	4月	8月	11月
碎米荠	*Cardamine hirsuta*	T	SRLR		LRNR
香附子	*Cyperus rotundus*	P	NR		SR
稗	*Echinochloa crusgalli*	T	SRLRNR	SR	SRNR
牛筋草	*Eleusine indica*	T		NR	NR
地锦	*Euphorbia humifusa*	T			SR
猪殃殃	*Galium pseudoasprellum*	P	SR	SR	
鼠麴草	*Gnaphalium affine*	B	SR		
牛鞭草	*Hemarthria sibirica*	P		SR	
葎草	*Humulus scandens*	T or P	LR		
天胡荽	*Hydrocotyle sibthorpioides*	P	SR		
湿地勿忘草	*Myosotis caespitosa*	P			SRNR
酢浆草	*Oxalis corniculata*	P	SR		
芦苇	*Phragmites australis*	P	SRNR	SRNR	SRNR
水蓼	*Polygonum hydropiper*	T	SR		
蔊菜	*Rorippa indica*	T	SRNR	SRNR	NR
酸模	*Rumex acetosa*	P	SRLR	LRNR	SRLRNR
羊蹄	*Rumex japonicus*	P	NR		
水苏	*Stachys japonica*	P	SR		
附地菜	*Trigonotis peduncularis*	T	SR		

注：T. 一年生植物；B. 二年生植物 Biennial；P. 多年生植物 Perennial；SR. 短期恢复岸带；LR. 长期恢复岸带；NR. 天然芦苇岸带。

表 3-9　土壤种子库丰度

时间	类型	总物种丰度	平均物种丰度	最大物种丰度
4月	SR	14	6	7
	LR	4	3	3
	NR	6	3	5
8月	SR	7	3	4
	LR	1	1	1
	NR	6	3	4
11月	SR	7	2	3
	LR	2	1	2
	NR	11	4	6

注：SR. 短期恢复岸带；LR. 长期恢复岸带；NR. 天然芦苇岸带。

表 3-10　土壤种子库 Sorensen 相似性指数

时间	类型	4月			8月			11月		
		SR	LR	NR	SR	LR	NR	SR	LR	NR
4月	SR	1								
	LR	0.333	1							
	NR	0.400	0.200	1						
8月	SR	0.476	0.182	0.615	1					
	LR	0.133	0.400	0	0	1				
	NR	0.300	0.200	0.500	0.615	0.286	1			
11月	SR	0.381	0.364	0.462	0.429	0.250	0.462	1		
	LR	0.250	0.667	0	0	0.667	0.250	0.222	1	
	NR	0.480	0.400	0.471	0.333	0.167	0.588	0.556	0.308	1

注：SR. 短期恢复岸带；LR. 长期恢复岸带；NR. 天然芦苇岸带。

二、不同芦苇恢复期种子库时间动态

长期芦苇恢复湿地显著低于短期芦苇湿地及天然芦苇湿地。短期恢复湿地、长期恢复湿地、天然芦苇湿地3种类型平均种子库密度为 3760 ± 530.71 粒 $/m^2$、1813 ± 654.80 粒 $/m^2$、4773 ± 1387.57 粒 $/m^2$。在4月短期芦苇恢复湿地种子库密度最大为 7440 ± 779.74 粒 $/m^2$；而在8月及11月皆为天然芦苇恢复湿地种子库密度最大，其值分别为 5360 ± 920.87 粒 $/m^2$、5360 ± 2393.32 粒 $/m^2$（图3-9）。

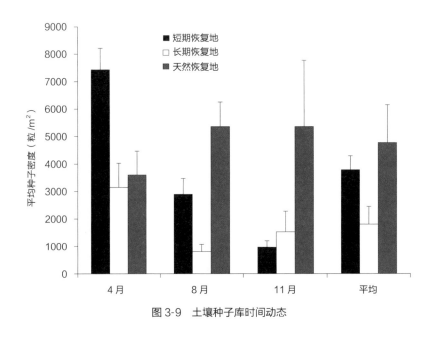

图3-9　土壤种子库时间动态

三、不同芦苇恢复期地表植被特征

太湖岸带芦苇湿地不同恢复期内地表植被共有24种，物种优势科为禾本科（表3-11）；其中长期芦苇恢复湿地萌发13种、短期芦苇恢复湿地19种、天然芦苇湿地7种植物。短期恢复湿地优势种为芦竹、芦苇、柳叶菜（*Epilobium hirsutum*）；长期恢复湿地优势种为芦苇、荸草、稗；天然芦苇湿地优势种为芦苇、喜旱莲子草、荸草。其中，短期芦苇恢复岸带、长期恢复湿地和天然芦苇湿地一年生草本分别占所有生活

表 3-11　地上植被优势物种的数量特征

物种	重要值		
	短期恢复湿地	长期恢复湿地	天然芦苇湿地
稗 *Echinochloa crusgalli*	4.9	39.88	
薄荷 *Mentha canadensis*	15.59		
大刺儿菜 *Cephalanoplos setosum*		3.75	
飞蓬 *Erigeron acer*		15.63	10.71
狗尾草 *Setaria viridis*		16.84	
鬼针草 *Bidens pilosa*	5.68	3.37	
灰绿藜 *Chenopodium glaucum*		7.54	
茭白 *Zizania latifolia*			13.95
苣荬菜 *Sonchus arvensis*		3.01	
柳叶菜 *Epilobium hirsutum*	50	11.88	
芦苇 *Phragmites australis*	68.84	66.73	138.72
芦竹 *Arundo donax*	76.93		
葎草 *Humulus scandens*	8.19	54.21	42.68
萝藦 *Metaplexis japonica*	4.4	6.43	33.07
苘麻 *Abutilon theophrasti*		3.43	
水莎草 *Juncellus serotinus*		10.03	
水蓼 *Polygonum hydropiper*		13.71	17.53
酸模 *Rumex acetosa*		3.32	
酸模叶蓼 *Polygonum lapathifolium*	23.41		
田菁 *Sesbania cannabina*		6.6	
铁苋菜 *Acalypha australis*	5.51	8.81	
喜旱莲子草 *Alternanthera philoxeroides*	15.63	4.98	43.34
香蒲 *Typha orientalis*	10.99		
野大豆 *Glycine soja*	9.91	19.84	
物种数	13	19	7

型物种的 38.46%、47.37% 和 14.29%；仅长期恢复湿地和天然芦苇地存在二年生草本植物为飞蓬，分别占 15.63% 和 10.71%。不同恢复期的湿地以多年生草本生活型为主，短期恢复湿地多年生草本所占比例为 61.54%；长期恢复湿地多年生草本所占比例最少为 47.37%；天然芦苇湿地多年生草本所占比例最大为 71.43%。

四、种子库与地表植被物种组成的关系

地上植被与土壤种子库的种类组成及其数量特征关系密切。一方面地上植被是土壤种子库中种子的直接来源，地上植被的生物学节律及季节变化影响着土壤种子库的动态；另一方面土壤种子库中的种子能够直接影响地上植被的更新和演替。不同恢复方式以及恢复时间等都可能打破此种关系的连续性，导致地上植被和土壤种子库关系表现出不同的特点。长期芦苇恢复岸、短期芦苇恢复岸带、天然芦苇岸带土壤种子库和地表植被共同出现的物种数分别为 3、5、1 种，其相似性系数分别为 0.286、0.303、0.143（表 3-12）。土壤种子库中优势物种的生活型以一年生草本和多年生草本为主，而二年生草本却相对缺乏，且部分土壤种子库存在的物种在地表植被中不占优势。

表 3-12　土壤种子库与地表植被物种组成的关系

类型	地表植被总物种数	种子库总物种数	仅地表存在的物种数	仅种子库存在的物种数	二者共有物种数	相似性系数
长期芦苇恢复湿地	13	8	10	5	3	0.286
短期芦苇恢复湿地	19	14	14	9	5	0.303
天然芦苇湿地	7	7	6	6	1	0.143

太湖岸带湿地不同芦苇恢复期湿地土壤种子库密度为 1440~7440 粒 /m²，较其他一些湖泊相当。李守淳（2011）报道鄱阳湖 5 个湖滨带土壤种子库的平均密度为 3479 粒 /m²，刘贵华等（2007）报道梁子湖湖滨带种子库的种子密度为 10115 粒 /m²，洪湖种子库密度为 4745 粒 /m²，龙感湖种子库密度为 4689 粒 /m²。此外，种子库密度统计分析时发现方差不齐，同类型湿地内的不同样本间的种子密度差异较大。这可能与样本数量有关，也在一定程度上说明种子库空间分布上的不均匀性，与三江平原沼泽湿地土壤种子库研究类似（邢福等，2008）。

湿地土壤种子库的物种组成与地上植被有着紧密的联系，其组成主要受到地上植被组成、湿地类型、植物群落演替阶段、干扰、动物取食、踩踏、水环境、水文条件等多种因素的综合影响（Andrew et al.，2010）。湿地种子库与地上植被的物种组成之间的关系目前还未有统一结论（Schneider and Sharitz，1988）。本研究的结果与王相磊等（2003）在洪湖湿地的研究相类似，其种子库与地表植被的相似性系数在 0.15~0.33 之间浮动。太湖岸带湿地不同芦苇恢复期地表植被与种子库的物种组成相似性较小（0.143~0.303）。这可能由于种子库与地表植被在物种组成上的差异受多方面因素的综合影响。由于部分物种种子繁殖能力较弱，其种子寿命较短，在土壤中容易失去活性；而一些物种以无性繁殖为主，产生的种子数量较少。此外，部分地上植被的偶见种散布的种子量较小，很难在种子库中被检测出来。

在对芦苇湿地种子库储量研究后发现天然芦苇湿地种子库储量最多，其次为短期芦苇恢复湿地，长期芦苇恢复湿地最少。恢复时间较短的芦苇湿地种子库储量比恢复时间较长的芦苇湿地多，与芦苇自身的生态特征有关。芦苇植株在恢复初期较小，尚未形成稳定优势群落。与其他物种相比，竞争力较小。许多植物都可以占据自己适合的生态位，而萌发生长致使种子库储量较高。长期芦苇恢复湿地由于芦苇生长旺盛，占据主要生态位，影响其他植物的生长，所以地上植被物种数不是很丰富，种子库储量较小。天然芦苇湿地种子库储量最大，因为天然芦苇湿地经过长期植被演替，一些与芦苇有相似生境需求的物种慢慢演替存活下来，占据了各自的生态位，使生态系统中很多物种都能有各自的生存空间，从而使生态系统达到了一种稳定状态。

第 四 章

太湖岸带湿地土壤动物研究

▲▲▲▲▲▲▲▲▲▲▲▲▲

赵欣胜 摄

土壤动物是指动物的一生或生命过程中一定时期在土壤中度过，而且对土壤产生一定影响的动物（尹文英等，2000），主要有原生动物、扁形动物、轮形动物、线形动物、软体动物、环节动物、缓步动物和节肢动物等。土壤动物作为湿地生态系统的重要组成部分，其生态特征、生态功能受到周围环境因素变化的影响（Anderson et al.，2000；田家怡等，2011；武海涛等，2008a）。影响土壤动物群落的环境因素复杂多样，土壤（温度、湿度、pH值、有机质、电导率、含水量，空气、容重、凋落物、微生物类群、营养元素等）、植被、人类活动干扰、气候和地形等构成了土壤动物群落的栖息环境，对土壤动物群落的组成与数量、水平结构和垂直结构等产生重要的影响（Murray et al.，2006；王金凤等，2007；吴鹏飞等，2011）。土壤动物不仅有空间异质性，而且也有时间异质性。不同类型生境土壤动物在构成类群上是不同的，同一类型在不同植被情况下，土壤动物构成也不尽相同。因此，研究和分析湿地生态系统中土壤动物的群落组成、空间结构、季节动态，对不同湿地恢复阶段具有重要意义。

第一节　太湖岸带湿地土壤动物研究方法

　　在太湖岸带按不同岸带湿地调查取样。每个样地选取 5 个样方，分 3 个土壤层（I：0~5 cm；II：5~10 cm；III：10~15 cm）用直径为 5.4 cm，体积 115 mL 圆形取样器进行中小型土壤动物采样。同时，在每个样方内另取 20 cm×20 cm 的大样一个，分 3 层，每层 5 cm。用手拣法现场分离大样，取出其中大中型节肢动物，放入 75% 的酒精内固定，带回室内鉴定。大型土壤动物的分类鉴定采用尹文英（2000）的大类别（纲、目或科）分类方法。使用体视显微镜对分离出来的土壤动物进行鉴定并统计数量。实验室内用干漏斗法（Tullgren 法）和湿漏斗法（Baermann 法）分离中小型土壤动物，分离时间为 24 h 和 48 h。收集到的土壤动物在实验室内根据《中国土壤动物检索图鉴》（尹文英，1998）鉴定。土壤动物群落结构多样性用 Simpson 多样性指数、Shannon-Wiener 多样性指数、Pielou 均匀度、Jaccard 相似性指数、Sorensen 相似性系数、Morisita-Horn 系数衡量。

　　对应土壤动物采样样方采用环刀按 0~5 cm、5~10 cm 和 10~15 cm 自上而下分 3 层取土，装入自封袋内，并做相应的标记，每个样点的土样均匀混合后带回实验室内分析，取平均值作为该样点相应指标的计算参数。选取的指标包括土壤 pH、土壤有机质、全氮（TN）、全磷（TP）、有效磷、铵态氮、速效钾、土壤含水率、土壤温度、电导率等 10 个指标。采用 CCA 对大型土壤动物群落进行排序。分析前对土壤动物密度数据进行 $\log(x+1)$ 转换，只在 1 个样地出现的土壤动物，数据分析时将被剔除，并在分析时对土壤群落数据进行对数转化，以减少优势群落的权重。通过 CCA 排序分析 0~15 cm 土壤动物类群与环境因子的关系。在 CCA 排序之前，进行冗余分析（RDA）。

第二节　太湖岸带湿地植被类型对土壤动物群落的影响

2010年4、8、11月及2011年2月，选取太湖流域4种岸带湿地（酸模岸带、乔灌岸带、农作物岸带、天然芦苇岸带），调查群落的土壤动物结构和相应土壤理化性质。主要研究内容包括：①不同覆被类型下土壤动物群落组成及差异；②不同覆被类型下土壤动物群落密度及多样性变化、差异；③分析不同覆被类型对土壤动物群落结构及多样性的影响。

一、不同植物覆被下土壤动物物种组成及密度

综合4种植物覆被类型，2010年4月土壤动物的储量最高，2011年2月最低（图4-1）。2010年4月分别与2010年8月（$F=9.571$，$P<0.01$）和2011年2月（$F=9.571$，$P<0.01$）呈显著性差异，2010年11月和2011年2月呈显著性差异（$F=9.571$，$P<0.01$）。

4、8、11月和翌年2月共分离到土壤动物3575只，隶属4门12纲，共有105类；酸模岸带、乔灌岸带、农作物岸带、天然芦苇岸带的土壤动物分别有59、66、63和63类（表4-1）。在大类群中，节肢动物门（Arthropoda）为优势类群，占55.75%，其次为线虫动物门（Nematoda），占总个体数的36.27%。而在节肢动物门中，昆虫纲（Insecta）占22.74%；弹尾纲（Collembola）占16.92%；蛛形纲（Arachnida）

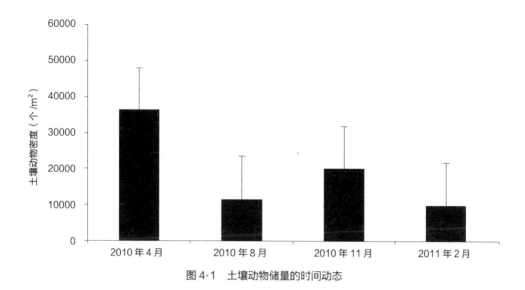

图 4-1　土壤动物储量的时间动态

占 8.85%。不同类群所占比例差异较大。寡毛纲（Oligochaeta）中的线蚓科（Enchytraeidae）占其总个体数的 74.71%；昆虫纲中的蚁科（Termitidae）占 11.79%，隐翅甲科（Staphylinidae）占 10.94%；弹尾纲中的等节跳科（Isotomidae）和球角跳科（Hypogastruridae）分别占该该纲个体数的 36.89% 和 25.40%；蛛形纲中的蜱螨亚纲（Acari）和平腹蛛科（Gnaphosidae）分别占 35.75% 和 19.13%（表 4-1）。

不同季节土壤动物的群落密度存在差异（图 4-2）。4、8、11 月和翌年 2 月，均以酸模岸带的密度最低，分别为 18164 个 /m²、4017 个 /m²、7422.86 个 /m² 和 2794 个 /m²。这表明，一定强度的人为干扰可显著降低土壤动物的群落密度。在 4 月和翌年 2 月均以农作物岸带的密度最高，分别为 67766 个 /m² 和 16068 个 /m²，而在 8 月和 11 月均以乔灌岸带的密度最高，分别为 14496 个 /m² 和 23928 个 /m²。

在 4 月和 11 月中各类型湿地岸带间土壤动物密度无显著性差异（$P > 0.05$）。8 月，酸模岸带与其他 3 种类型存在显著差异（$F = 4.331$，$P < 0.05$），其他 3 种类型间无显著性差异（$P > 0.5$）。而 2 月，酸模岸带与农作物岸带（$F = 2.042$，$P < 0.05$）、天然芦苇岸带（$F = 2.042$，$P < 0.05$）呈显著差异，其他类型间无显著差异（$P > 0.5$）。

表 4-1 土壤动物群落类群与数量组成

类群	拉丁学名	酸模岸带 (n=20)		乔灌岸带 (n=20)		农作物岸带 (n=20)		天然芦苇岸带 (n=20)		合计	
		个体数	占比(%)	个体数	占比(%)	个体数	占比(%)	个体数	占比(%)	个体数	占比(%)
软体动物门	Mollusca										
腹足纲	Gastropoda	15	4.10	3	0.34	4	0.29	6	0.64	28	1.34
线虫动物门	Nematoda	117	31.97	303	34.63	625	44.64	316	33.83	1361	36.27
环节动物门	Annelida										
寡毛纲	Oligochaeta										
正蚓科	Lumbricida	1	0.27	24	2.74	23	1.64	19	2.03	67	1.67
线蚓科	Enchytraeidae	6	1.64	85	9.71	28	2.00	60	6.42	179	4.94
蛭纲	Hirudinea							1	0.11	1	0.03
节肢动物门	Arthropoda										
软甲纲	Malacostraca										
端足目	Amphipoda	1	0.27	8	0.91	15	1.07	1	0.11	25	0.59
等足目	Isopoda					25	1.79	9	0.96	34	0.69

（续）

类群	拉丁学名	酸模岸带 (n=20)		乔灌岸带 (n=20)		农作物岸带 (n=20)		天然芦苇岸带 (n=20)		合计	
		个体数	占比(%)	个体数	占比(%)	个体数	占比(%)	个体数	占比(%)	个体数	占比(%)
鼠妇科	Porcellionidae	9	2.46					1	0.11	10	0.64
唇足纲	Chilopoda										
蜈蚣目	Scolopendromorpha	1	0.27	1	0.11	5	0.36			7	0.19
地蜈蚣目	Geophilomorpha			10	1.14	13	0.93	16	1.71	39	0.95
石蜈蚣目	Lithobiomorpha			1	0.11	7	0.50	1	0.11	9	0.18
倍足纲	Diplopoda	2	0.55	40	4.57	60	4.29	5	0.54	107	2.48
综合纲	Symphyla	2	0.55	16	1.83	25	1.79	4	0.43	47	1.15
少足纲	Pauropoda					6	0.43	2	0.21	8	0.16
弹尾纲	Collembola										
棘跳科	Onychiuridae	1	0.27	39	4.46	16	1.14	53	5.67	109	2.89
球角跳科	Hypogastruridae			17	1.94	176	12.57	25	2.68	218	4.30
等节跳科	Isotomidae	44	12.02	53	6.06	29	2.07	45	4.82	171	6.24

类群	拉丁学名	酸模岸带 (n = 20)		乔灌岸带 (n = 20)		农作物岸带 (n = 20)		天然芦苇岸带 (n = 20)		合计	
		个体数	占比 (%)	个体数	占比 (%)	个体数	占比 (%)	个体数	占比 (%)	个体数	占比 (%)
长角跳科	Entomobryidae	4	1.09	25	2.86	13	0.93	25	2.68	67	1.89
圆跳科	Sminthuridae	1	0.27			2	0.14	1	0.11	4	C.13
疣跳科	Neanuridae	1	0.27	32	3.66	14	1.00	9	0.96	56	1.47
双尾纲	Diplura										
蛱虫八科	Japygidae	1	0.27	1	0.11	5	0.36	1	0.11	8	0.21
昆虫纲	Insecta										
直翅目	Orthoptera										
蝼蛄科	Gryllotalpidae			1	0.11			1	0.11	2	0.06
蚤蝼科	Tridactylidae	1	0.27			3	0.21	3	0.32	7	0.20
等翅目	Isoptera										
白蚁科	Termitidae			4	0.46	1	0.07			5	0.13
啮虫目	Corrodentia										

类群	拉丁学名	酸模岸带（n=20）		乔灌岸带（n=20）		农作物岸带（n=20）		天然芦苇岸带（n=20）		合计	
		个体数	占比（%）	个体数	占比（%）	个体数	占比（%）	个体数	占比（%）	个体数	占比（%）
虱啮科	Liposcelididae			1	0.11	9	0.64	43	4.60	53	1.34
球啮科	Sphaeropsocidae	1	0.27					1	0.11	2	0.10
革翅目	Dermaptera										
蠼螋科	Forficulidae	1	0.27	2	0.23	10	0.71	12	1.28	25	0.63
绵蠼科	Spongiphoridae	1	0.27	2	0.23			2	0.21	5	0.18
缨翅目	Thysanoptera										
管蓟马科	Phlaeothripidae	1	0.27			1	0.07			2	0.09
同翅目	Homoptera										
蚜科	Aphididae	1	0.27	2	0.23			1	0.11	4	0.15
半翅目	Hemiptera										
土蝽科	Cydnidae	31	8.47							31	2.12
网蝽科	Tingidae			1	0.11					1	0.03

类群	拉丁学名	酸模岸带 (n=20)		乔灌岸带 (n=20)		农作物岸带 (n=20)		天然芦苇岸带 (n=20)		合计	
		个体数	占比(%)	个体数	占比(%)	个体数	占比(%)	个体数	占比(%)	个体数	占比(%)
长蝽科	Lygaeidae	10	2.73	15	1.71			12	1.28	37	1.43
缘蝽科	Coreidae			1	0.11					1	0.03
猎蝽科	Reduviidae			1	0.11					1	0.03
龟蝽科	Plataspidae			1	0.11					1	0.03
盲蝽科	Miridae			2	0.23					2	0.06
盾蝽科	Scutelleridae							1	0.11	1	0.03
红蝽科	Pyrrhocoridae	1	0.27							1	0.07
花蝽科	Anthocoridae	2	0.55							2	0.14
负子蝽科	Belostomatidae			1	0.11	1	0.07			2	0.05
膜蝽科	Hebridae					7	0.50			7	0.13
鞘翅目	Coleoptera										
隐翅甲科	Staphylinidae	19	5.19	16	1.83	11	0.79	20	2.14	66	2.49

类群	拉丁学名	酸模岸带 (n=20)		乔灌岸带 (n=20)		农作物岸带 (n=20)		天然芦苇岸带 (n=20)		合计	
		个体数	占比(%)	个体数	占比(%)	个体数	占比(%)	个体数	占比(%)	个体数	占比(%)
象甲科	Curculionidae	1	0.27							1	0.07
水龟甲科	Hydrophilidae	2	0.55							2	0.14
龙虱科	Dytiscidae			1	0.11	1	0.07			2	0.05
姬花甲科	Phalacridae	1	0.27							1	0.07
虎甲科	Cicindelidae	1	0.27							1	0.07
缨甲科	Ptiliidae	1	0.27							1	0.07
毛蕈甲科	Diphyllidae			2	0.23			1	0.11	3	0.08
蚁甲科	Pselaphidae	2	0.55			5	0.36	1	0.11	8	0.25
步甲科	Carabidae	4	1.09	12	1.37	33	2.36	28	3.00	77	1.95
球蕈甲科	Leiodidae	2	0.55	1	0.11	4	0.29	1	0.11	8	0.26
出尾蕈甲科	Scaphidiidae			1	0.11					1	0.03
盘甲科	Discolomidae					1	0.07			1	0.02

(续)

类群	拉丁学名	酸模岸带 (n=20)		乔灌岸带 (n=20)		农作物岸带 (n=20)		天然芦苇岸带 (n=20)		合计	
		个体数	占比(%)	个体数	占比(%)	个体数	占比(%)	个体数	占比(%)	个体数	占比(%)
叶甲科	Chrysomelidae			1	0.11					1	0.03
拟步甲科	Tenebrionidae			1	0.11			2	0.21	3	0.08
苔甲科	Scydmaenidae	4	1.09	1	0.11	9	0.64	4	0.43	18	0.57
步甲科幼虫	Carabidae larvae	2	0.55	12	1.37	17	1.21	17	1.82	48	1.24
隐翅甲科幼虫	Staphylinidae larvae	2	0.55	7	0.80	3	0.21	6	0.64	18	0.55
蚁甲科幼虫	Pselaphidae larvae			4	0.46	1	0.07			5	0.13
毛泥甲科幼虫	Ptilodactylidae larvae					1	0.07			1	0.02
萤科幼虫	Lampyridae larvae					3	0.21			3	0.05
金龟甲科幼虫	Scarabaeidae larvae			1	0.11			1	0.11	2	0.06
虎甲科幼虫	Cicindelidae larvae	1	0.27							1	0.07

类群	拉丁学名	酸模岸带 (n=20)		乔灌岸带 (n=20)		农作物岸带 (n=20)		天然芦苇岸带 (n=20)		合计	
		个体数	占比(%)	个体数	占比(%)	个体数	占比(%)	个体数	占比(%)	个体数	占比(%)
苔甲科幼虫	Scydmaenidae larvae	6	1.64							6	0.41
象甲科幼虫	Curculionidae larvae	1	0.27							1	0.07
双翅目	Diptera										
菌蚊科	Mycetophilidae	3	0.82			6	0.43	7	0.75	16	0.50
蝇科	Muscidae	1	0.27	3	0.34	3	0.21	28	3.00	35	0.96
蛾蠓科	Psychodidae	1	0.27	1	0.11	5	0.36	1	0.11	8	0.21
摇蚊科	Chironomidae	3	0.82	3	0.34	4	0.29	2	0.21	12	0.42
眼蕈蚊科	Sciaridae					1	0.07	1	0.11	2	0.04
食蚜蝇科	Syrphidae							1	0.11	1	0.03
蚊科	Culicidae					1	0.07			1	0.02
水虻科	Stratiomyidae			2	0.23	2	0.14			4	0.09
蚋科	Simuliidae	1	0.27					3	0.32	2	0.10
潜蝇科	Agromyzidae	1	0.27	1	0.11	2	0.14			6	0.18

类群	拉丁学名	酸模岸带 (n=20)		乔灌岸带 (n=20)		农作物岸带 (n=20)		天然芦苇岸带 (n=20)		合计	
		个体数	占比(%)	个体数	占比(%)	个体数	占比(%)	个体数	占比(%)	个体数	占比(%)
蠓科	Ceratopogonidae					1	0.07			1	0.02
果蝇科	Drosophilidae							1	0.11	1	0.03
长足虻科	Dolichopodidae							1	0.11	1	0.03
长足虻科幼虫	Dolichopodidae larvae			1	0.11					1	0.03
大蚊科幼虫	Tipulidae larvae			1	0.11					1	0.03
摇蚊科幼虫	Chironomidae	3	0.82	3	0.34	5	0.36	3	0.32	14	0.46
蠓科幼虫	Ceratopogonidae larvae					2	0.14	5	0.54	7	0.17
蝇科幼虫	Muscidae larvae	1	0.27	8	0.91	2	0.14	2	0.21	13	0.39
膜翅目	Hymenoptera										
茧蜂科	Braconidae			1	0.11					1	0.03
小蜂科	Chalcididae	2	0.55					1	0.11	3	0.16

类群	拉丁学名	酸模岸带 (n=20)		乔灌岸带 (n=20)		农作物岸带 (n=20)		天然芦苇岸带 (n=20)		合计	
		个体数	占比 (%)	个体数	占比 (%)	个体数	占比 (%)	个体数	占比 (%)	个体数	占比 (%)
蚁科	Termitidae	16	4.37	10	1.14	28	2.00	30	3.21	84	2.68
姬蜂科	Ichneumonidae	1	0.27							1	0.07
蚁科幼虫	Termitidae							4	0.43	4	0.11
鳞翅目	Lepidoptera										
粉蝶科幼虫	Pieridae larvae	1	0.27	2	0.23	2	0.14	1	0.11	6	0.19
蛛形纲	Arachnida										
蜘蛛目	Araneae										
巨蟹蛛科	Sparassidae	1	0.27							1	0.07
跳蛛科	Salticidae	2	0.55	2	0.23	2	0.14	1	0.11	7	0.26
狼蛛科	Lycosidae	6	1.64	19	2.17	5	0.36	3	0.32	33	1.12
狼栉蛛科	Zoridae			3	0.34	2	0.14	3	0.32	8	0.20
光盔蛛科	Liocranidae			2	0.23	4	0.29	9	0.96	15	0.37

类群	拉丁学名	酸模岸带 (n=20)		乔灌岸带 (n=20)		农作物岸带 (n=20)		天然芦苇岸带 (n=20)		合计	
		个体数	占比（%）	个体数	占比（%）	个体数	占比（%）	个体数	占比（%）	个体数	占比（%）
拟平腹蛛科	Zodariidae	2	0.55	4	0.46	3	0.21	2	0.21	11	0.36
平腹蛛科	Gnaphosidae	9	2.46	19	2.17	15	1.07	10	1.07	53	1.69
蟹蛛科	Thomisidae			1	0.11	1	0.07			2	0.05
园蛛科	Araneidae			2	0.23	3	0.21			5	0.11
卵形蛛科	Oonopidae			2	0.23					2	0.06
幽灵蛛科	Pholcidae			2	0.23					2	0.06
真螨目	Acariformes	5	1.37	10	1.14	21	1.50	12	1.28	48	1.32
伪蝎目	Pseudoscorpionida					1	0.07			1	0.02
蜱螨亚纲	Acari	2	0.55	21	2.40	67	4.79	46	4.93	136	3.16
总个体数		366	100.00	875	100.00	1400	100.00	934	100.00	3575	100.00
总类群数		59		66		63		63		105	

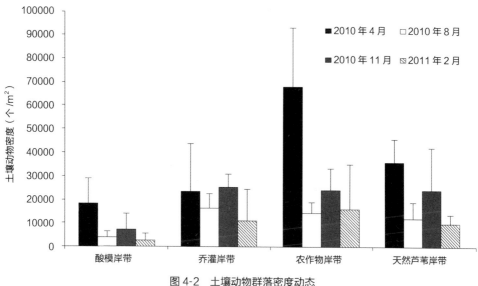

图 4-2 土壤动物群落密度动态

酸模岸带的 4 月与 8 月呈显著性差异（$F = 4.629$，$P < 0.05$），与翌年 2 月呈显著性差异（$P < 0.01$）。乔灌岸带的季节间无显著性差异（$P > 0.5$），说明乔灌岸带土壤动物的群落密度对季节变化不敏感。农作物岸带 4 月的群落密度显著高于其他月（$H = 11.638$，$P < 0.01$）。天然芦苇岸带 4 月与 8 月土壤动物差异显著（$F = 4.895$，$P < 0.01$），与翌年 2 月差异显著（$F = 4.895$，$P < 0.01$）；其他月间无显著差异（$P > 0.5$）。

二、不同湿地植物覆被下土壤动物群落多样性

土壤动物群落多样性指数的季节变化动态不同（图 4-3）。乔灌岸带、农作物岸带、天然芦苇岸带的优势度指数最大值出现在 4 月，分别为 0.44、0.59 和 0.34；酸模岸带优势度指数最大值出现在 2 月，为 0.55。酸模岸带，农作物岸带和天然芦苇岸带的优势度指数最小值皆出现在 8 月，分别为 0.24、0.17 和 0.19；而乔灌岸带的最小值出现在 11 月，为 0.18。4 种湿地岸带的土壤动物类群数皆在 2 月最小，酸

模岸带的土壤动物类群数 4 月最大，其余 3 种类型岸带土壤动物类群数在 11 月最小。乔灌岸带、农作物岸带和天然芦苇岸带均匀度指数和多样性指数的最小值皆出现在 4 月，而酸模岸带的均匀度指数和多样性指数最小值出现在 2 月。

酸模岸带、乔灌岸带、天然芦苇岸带季节间优势度无显著性差异（$P > 0.05$）；农作物岸带的 4 月与其余时期呈显著性差异（$F = 10.920$，$P < 0.01$）。8 月，乔灌岸带、农作物岸带和天然芦苇岸带间优势度存在显著性差异（$F = 1.878$，$P < 0.05$）；11 月和翌年 2 月，各类型岸带间优势度无显著性差异（$P > 0.05$）。

酸模岸带 4 月与 11 月及翌年 2 月类群数有显著性差异（$H = 8.471$，$P < 0.05$）；乔灌岸带 4 月与 11 月具有显著性差异（$F = 3.147$，$P < 0.05$），8 月与 11 月间有显著性差异（$F = 3.147$，$P < 0.05$），11 月与翌年 2 月间有显著性差异（$F = 3.147$，$P < 0.05$）。农作物岸带和天然芦苇岸带季节间类群数无显著性差异（$P > 0.05$）。相同季节，不同类型间的类群数方差分析表明：4 月，4 种覆被类型间无显著性差异（$P > 0.05$）；8 月，酸模岸带与农作物岸带存在显著性差异（$F = 1.514$，$P < 0.05$）；11 月，酸模岸带显著低于其他 3 种类型（$H = 12.389$，$P < 0.05$）；2011 年 2 月，酸模岸带与农作物岸带存在显著性差异（$F = 1.375$，$P < 0.05$）；其余覆被类型间无显著性差异。4 月酸模岸带与农作物岸带之间均匀度存在显著性差异（$F = 1.765$，$P < 0.05$）；8 月乔灌岸带显著低于其他 3 种类型（$H = 15.052$，$P < 0.05$）；11 月和翌年 2 月各类型间无显著性差异（$P > 0.05$）。同一类型，不同月间的均匀度方差分析表明：酸模岸带和乔灌岸带季节间无显著性差异（$P > 0.05$）；农作物岸带的 4 月与其余 3 个月呈显著差异（$F = 24.422$，$P < 0.01$）；天然芦苇岸带中 4 月与 8 月有显著性差异（$F = 2.865$，$P < 0.05$）。

4 月各类型岸带间多样性无显著性差异（$P > 0.05$）；8 月，乔灌岸带与农作物岸带之间存在显著性差异（$F = 1.299$，$P < 0.05$）；11 月，酸模岸带与乔灌岸带、农作物岸带、天然芦苇岸带多样性存在显著性差异（$F = 3.271$，$P < 0.01$）；翌年 2 月，酸模岸带与农作物岸带、天然芦苇岸带多样性存在显著性差异（$F = 1.585$；$P < 0.05$），其他类型间无显著性差异。酸模岸带湿地季节间多样性无显著性差异（$P > 0.05$）；乔灌岸带 4 月与 11 月多样性存在显著性差异（$F = 2.274$，$P < 0.05$）；农作物岸带 4 月与 8、11 月多样性有显著性差异（$F = 5.983$，$P < 0.01$）；天然芦苇岸带 4 月与 8 月多样性有显著性差异（$F = 2.865$，$P < 0.05$）。

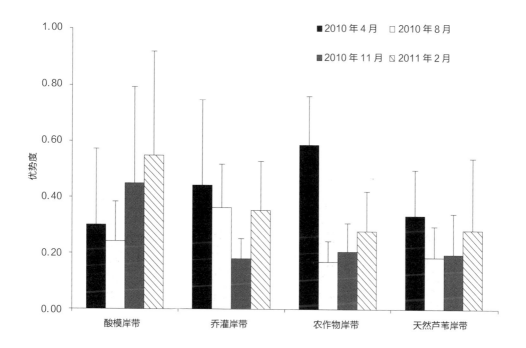

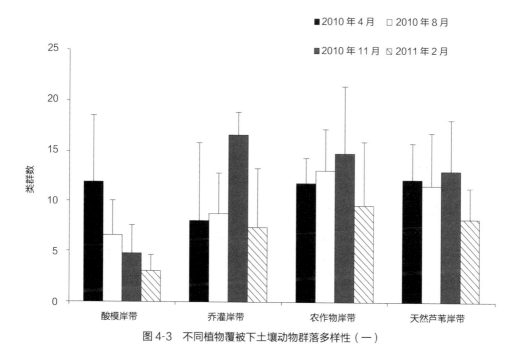

图 4-3 不同植物覆被下土壤动物群落多样性（一）

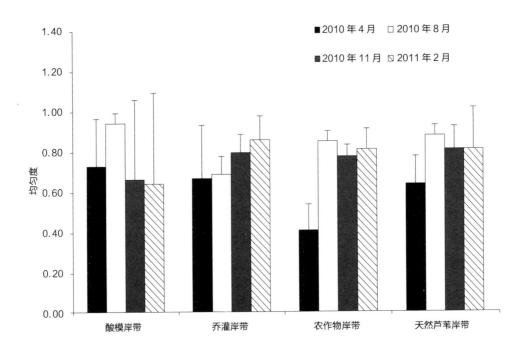

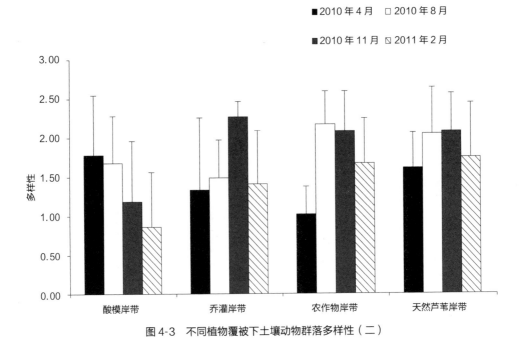

图 4-3　不同植物覆被下土壤动物群落多样性（二）

三、不同覆被土壤动物群落时空相似性

1. 空间尺度相似性

群落空间相似性说明太湖岸带湿地不同植被类型对土壤动物群落物种组成及其丰富度、群落优势类群数量具有影响（表4-2）。太湖岸带湿地土壤动物群落物种组成有较大的季节差异，季节间的 Sorensen 相似性系数介于 0.39~0.67。从 4、8、11 月和翌年 2 月的 Sorense 相似性系数可知，不同季节群落相似性有所差异，这表明群落空间相似性程度也受季节的影响。此外，4 月和 8 月间的 Morisita-Horn 相似性系数较大，部分月间的相似性系数甚至接近于 1，表明季节变化对土壤动物群落各类群的相对数量影响较弱；而在 11 月和翌年 2 月的 Morisita-Horn 相似性系数较小，表明秋冬季土壤动物群落结构差异性较大。

2. 时间尺度相似性

太湖岸带湿地土壤动物群落的时间尺度相似性在这 4 种类型中亦有差异（表4-3）。农作物岸带 11 月与翌年 2 月 Sorenson 相似性系数最高，其值为 0.64；酸模岸带的 4 月与翌年 2 月相似性系数最低，其值为 0.22。这表明季节变化对太湖岸带湿地不同植被类型土壤动物群落影响不同。酸模岸带不同季节 Sorenson 相似性系数小于 0.50，说明季节变化对酸模岸带群落优势类群数量的影响较大。乔灌岸带、农作物岸带和天然芦苇岸带的 Sorenson 相似性系数介于 0.29~0.64 之间。不同类型岸带湿地季节间的 Morisita-Horn 指数较大，而有些季节间 Morisita-Horn 相似性指数较小，说明不同植物覆被类型对土壤动物物种丰度产生了不同的影响。

表 4-2 土壤动物群落的空间相似性

类型	2010 年 4 月				2010 年 8 月				2010 年 11 月				2011 年 2 月			
	酸模岸带	乔灌岸带	农作物岸带	天然芦苇岸带	酸模岸带	乔灌岸带	农作物岸带	天然芦苇岸带	酸模岸带	乔灌岸带	农作物岸带	天然芦苇岸带	酸模岸带	乔灌岸带	农作物岸带	天然芦苇岸带
酸模岸带	1	0.89	0.74	0.84	1	0.45	0.61	0.64	1	0.52	0.50	0.38	1	0.27	0.21	0.70
乔灌岸带	0.44	1	0.88	0.98	0.49	1	0.86	0.47	0.39	1	0.91	0.75	0.53	1	0.36	0.41
农作物岸带	0.57	0.62	1	0.90	0.54	0.55	1	0.64	0.41	0.62	1	0.82	0.41	0.67	1	0.45
天然芦苇岸带	0.56	0.6	0.60	1	0.53	0.42	0.52	1	0.45	0.64	0.68	1	0.38	0.65	0.52	1

注：对角线之上为 Morisita-Horn 相似性指数，对角线之下为 Sorensen 指数。

表 4-3 不同覆被土壤动物群落时间相似性

时间	酸模岸带				乔灌岸带				农作物岸带				天然芦苇岸带			
	4 月	8 月	11 月	2 月	4 月	8 月	11 月	2 月	4 月	8 月	11 月	2 月	4 月	8 月	11 月	2 月
4 月	1	0.26	0.36	0.22	1	0.42	0.39	0.46	1	0.39	0.44	0.46	1	0.29	0.41	0.44
8 月	0.49	1	0.36	0.23	0.90	1	0.36	0.54	0.69	1	0.60	0.48	0.39	1	0.41	0.40
11 月	0.51	0.31	1	0.33	0.85	0.78	1	0.48	0.76	0.87	1	0.64	0.64	0.45	1	0.58
2 月	0.76	0.32	0.53	1	0.43	0.49	0.40	1	0.12	0.28	0.35	1	0.75	0.53	0.77	1

注：对角线之下为 Morisita-Horn 指数，对角线之上为 Sorensen 指数。

四、不同植物覆被下土壤动物垂直分布

土壤动物个体密度和类群数的垂直分布情况在不同月及不同类型间有一定的差异（图 4-4）。4 月，农作物岸带（$H = 9.572$，$P < 0.01$）和天然芦苇岸带（$F = 17.120$，$P < 0.01$）土壤动物个体密度 $0 \sim 5$ cm 层与 $5 \sim 10$ cm 层、$10 \sim 15$ cm 层呈显著性差异；而酸模岸带和乔灌岸带三层土壤之间土壤动物个体密度无显著性差异（$P > 0.05$）。4 月，农作物岸带和天然芦苇岸带的土壤动物垂直分布的表聚性现象较为明显。8 月，除了乔灌岸带 $0 \sim 5$ cm 层与较深层有显著的垂直分布差异（$H = 6.689$，$P < 0.05$）外；其他 3 个覆被类型的 3 个层次之间无显著性差异（$P > 0.05$）。11 月，乔灌岸带中三层之间存在显著性差异（$H = 10.614$，$P < 0.01$）；农作物岸带中 $0 \sim 5$ cm 层与 $10 \sim 15$ cm 层呈显著性差异（$F = 3.357$，$P < 0.05$）；酸模岸带和天然芦苇岸带的三层间无显著性差异（$P > 0.05$）。翌年 2 月，各类型的不同层次间无显著性差异（$P > 0.05$）。

酸模岸带中 4 月（$F = 9.923$，$P < 0.01$）和 11 月（$F = 3.403$，$P < 0.05$）的 $0 \sim 5$ cm 层与 $5 \sim 10$ cm 层、$10 \sim 15$ cm 层的土壤动物类群数呈显著性差异，其他月无显著性差异（$P > 0.05$）。乔灌岸带中，8 月（$F = 7.366$，$P < 0.05$）和 11 月（$F = 100.028$，$P < 0.01$）的 $0 \sim 5$ cm 层与 $5 \sim 10$ cm 层、$10 \sim 15$ cm 层土壤动物类群数呈显著性差异；4 月和 2 月三层之间无显著性差异（$P > 0.05$）。4 月，农作物岸带的土壤动物类群数 $0 \sim 5$ cm 层与 $5 \sim 10$ cm 层、$10 \sim 15$ cm 层呈显著性差异（$F = 16.812$，$P < 0.01$）；11 月，$0 \sim 5$ cm 层与 $10 \sim 15$ cm 层呈显著性差异（$F = 3.095$，$P < 0.05$）；8 月和 2011 年 2 月三层之间土壤动物类群数无显著性差异（$P > 0.05$）。4 月，天然芦苇岸带 $0 \sim 5$ cm 层与 $5 \sim 10$ cm 层的土壤动物类群数呈显著性差异（$F = 4.303$，$P < 0.05$）；8 月（$F = 3.794$，$P < 0.05$）和 11 月（$F = 3.316$，$P < 0.05$）$0 \sim 5$ cm 层与 $10 \sim 15$ cm 层呈显著性差异；2 月无显著性差异（$P > 0.05$）。从总体情况来看，土壤动物类群数的垂直分布比个体数更易受季节变化的影响。

从垂直分布分析结果可以看出，土壤动物类群数和个体数大部分表现为 $0 \sim 5$ cm 层 $> 5 \sim 10$ cm 层 $> 10 \sim 15$ cm 层。这说明类群数和个体数均随土壤深度的增加而减少。而有部分覆被类型在不同月间并未出现上述情况，说明土壤动物对不同类型植物覆被下的不同时间响应。

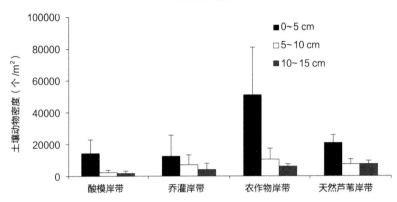

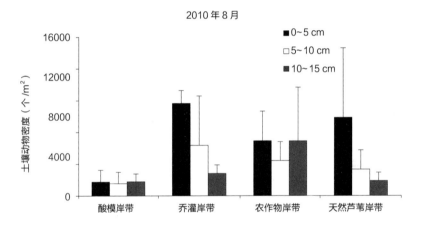

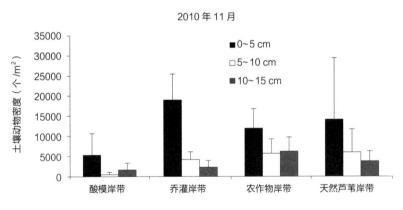

图 4-4　土壤动物的垂直分布（一）

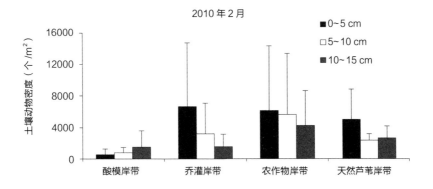

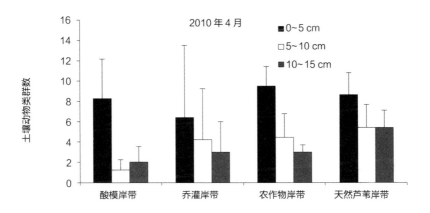

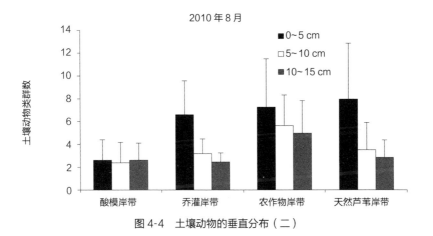

图 4-4　土壤动物的垂直分布（二）

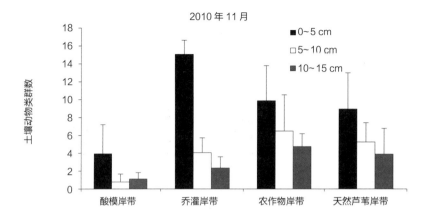

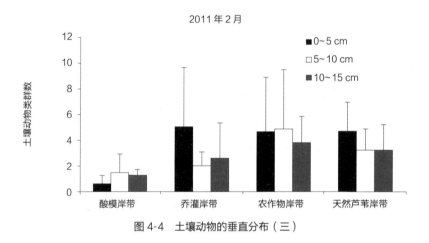

图 4-4 土壤动物的垂直分布（三）

五、土壤环境对土壤动物分布的影响

2010 年 4 月，土壤 pH 值与土壤有机质、铵态氮呈显著负相关（$P < 0.001$），其相关性系数分别为 - 0.8656、- 0.7910，而与电导率呈显著正相关（$P < 0.001$），其相关性系数为 0.6846。土壤有机质与铵态氮呈显著性正相关（$P < 0.001$），其相关性系数为 0.8401。有效磷与温度呈显著正相关（$P < 0.001$），其相关性系数

为 0.7598。K$^+$ 与电导率呈显著正相关（$P < 0.001$），其相关性系数为 0.8315（表 4-4）。

2010 年 8 月，土壤 pH 值与土壤有机质、有效磷、铵态氮和土壤含水率呈显著负相关（$P < 0.001$），其相关性系数分别为 -0.6706、-0.6798、-0.7629 和 -0.8382。土壤有机质与全氮（TN）、铵态氮和土壤含水率呈显著性正相关（$P < 0.001$），其相关性系数为 0.9694、0.7108 和 0.7060。NH$_4$-N 与土壤含水率呈显著正相关（$P < 0.001$），其相关性系数为 0.7713。土壤含水率与电导率呈显著正相关（$P < 0.001$），其相关性系数为 0.7794（表 4-4）。

2010 年 11 月，土壤有机质与 TN 和土壤含水率呈显著性正相关（$P < 0.001$），其相关性系数为 0.9736 和 0.7252。TN 与土壤含水率呈显著性正相关（$P < 0.001$），其相关性系数为 0.7014。土壤含水率与电导率呈显著正相关（$P < 0.001$），其相关性系数为 0.7829（表 4-4）。

2011 年 2 月，土壤 pH 值与有效磷呈显著负相关（$P < 0.001$），其相关性系数为 -0.7924。土壤有机质与 TN 呈显著性正相关（$P < 0.001$），其相关性系数为 0.8981。TN 与有效磷和 NH$_4$-N 呈显著性正相关（$P < 0.001$），其相关性系数为 0.6926 和 0.6841。有效磷与 NH$_4$-N 和土壤含水率呈显著正相关（$P < 0.001$），其相关性系数为 0.7334 和 0.7251（表 4-4）。

综合全年土壤理化特征，pH 与土壤有机质、有效磷、铵态氮呈显著负相关（$P < 0.001$），土壤有机质与 TN、NH$_4$-N 呈显著性正相关（$P < 0.001$），土壤含水率与电导率呈显著正相关（$P < 0.001$）。

2010 年 4 月，K$^+$ 与 CCA 第一排序轴呈显著的负相关（相关系数为 -0.7101，$P < 0.001$）；与环境因子第一排序轴呈显著的负相关（相关系数为 -0.7348，$P < 0.001$），位于坐标轴的左侧。SOM 则与 CCA 第二排序轴呈负相关（相关系数为 -0.5930，$P < 0.01$），与环境因子第二排序轴呈显著负相关关系（相关系数为 -0.6619，$P < 0.01$），位于坐标轴的右侧。TN 与 CCA 第 3 排序轴呈显著正相关（相关系数为 -0.7579，$P < 0.001$），与环境因子第 3 排序轴呈显著负相关关系（相关系数为 -0.7954，$P < 0.001$）位于坐标轴的左侧。通过土壤环境因子与排序轴分析，得出第一排序轴主要反映了 K$^+$，而第二排序轴反映了土壤有机质，第一排序轴主要反映了 TN（表 4-5、图 4-5）。

表 4-4 环境因子之间相关系数

时间	指标	pH值	土壤有机质	总氮	总磷	有效磷	铵态氮	钾离子	湿度	土壤温度	电导率
2010年4月	pH值	1									
	土壤有机质	−0.8656 ***	1								
	总氮	−0.4065	0.4775*	1							
	总磷	−0.2036	0.3033	0.2354	1						
	有效磷	−0.4618*	0.5945**	0.4006	0.4146	1					
	铵态氮	−0.7910***	0.8401***	0.4493*	0.1861	0.2275	1				
	钾离子	0.6456**	−0.4216	0.0750	−0.1905	−0.4468*	−0.2080	1			
	湿度	0.1867	−0.1984	0.1660	−0.5124*	−0.5442*	−0.0572	0.4328	1		
	土壤温度	−0.0144	0.1641	0.2685	0.0451	0.7598***	−0.2505	−0.1764	−0.1675	1	
	电导率	0.6846***	−0.3981	0.1512	−0.0864	−0.0941	−0.4508*	0.8315***	0.3280	0.2272	1

（续）

时间	指标	pH值	土壤有机质	总氮	总磷	有效磷	铵态氮	钾离子	湿度	土壤温度	电导率
2010年8月	pH值	1									
	土壤有机质	-0.6706***	1								
	总氮	-0.6195**	0.9694***	1							
	总磷	0.0457	-0.0274	-0.1371	1						
	有效磷	-0.6798***	0.6005**	0.4776*	0.4253	1					
	铵态氮	-0.7629***	0.7108***	0.6651**	-0.0324	0.6612**	1				
	钾离子	0.1938	0.0754	-0.0121	0.3017	0.1806	0.2137	1			
	湿度	-0.8382***	0.7060***	0.6627**	-0.0838	0.5341*	0.7713***	0.0348	1		
	土壤温度	0.2119	-0.2862	-0.2536	-0.0943	-0.2138	-0.2283	-0.4464*	-0.4225	1	
	电导率	-0.4651*	0.5676**	0.5237*	-0.194	0.3927	0.6097**	0.4537*	0.7794***	-0.5348*	1

时间	指标	pH值	土壤有机质	总氮	总磷	有效磷	铵态氮	钾离子	湿度	土壤温度	电导率
2010年11月	pH值	1									
	土壤有机质	-0.6464**	1								
	总氮	-0.6182**	0.9736***	1							
	总磷	-0.1104	0.2534	0.2907	1						
	有效磷	-0.3377	0.5549**	0.5435*	0.6651**	1					
	铵态氮	-0.1780	0.4985*	0.5728**	0.1952	0.3548	1				
	钾离子	-0.2232	0.2995	0.3057	0.4161	0.5660**	0.5897**	1			
	湿度	-0.3928	0.7252***	0.7014***	-0.1529	0.0186	0.3155	-0.0705	1		
	土壤温度	0.5925**	-0.5391*	-0.5286*	-0.3057	-0.1656	-0.2022	-0.2752	-0.5486	1	
	电导率	-0.2922	0.6295**	0.6037**	0.0702	0.2954	0.5196*	0.3392	0.7829***	-0.4597*	1

（续）

时间	指标	pH值	土壤有机质	总氮	总磷	有效磷	铵态氮	钾离子	湿度	土壤温度	电导率
	pH	1									
	土壤有机质	-0.2849	1								
	总氮	-0.5675**	0.8981***	1							
	总磷	0.5080*	-0.1334	-0.3693	1						
2011年2月	有效磷	-0.7924***	0.4624*	0.6926***	-0.4046	1					
	铵态氮	-0.6218**	0.5139*	0.6841***	-0.4401*	0.7334***	1				
	钾离子	-0.3310	0.0839	0.1684	-0.1217	0.2121	0.3952	1			
	湿度	-0.5294*	0.5022*	0.5865**	-0.3774	0.7251***	0.6337**	-0.0546	1		
	土壤温度	0.3199	0.3579	0.0729	0.3442	-0.2836	0.0329	0.4170	-0.0347	1	
	电导率	0.1052	0.3833	0.3758	-0.1004	0.1536	-0.1716	-0.3017	0.1897	0.0162	1

注：符号 *，** 和 *** 用于指示显著性差异，分别在 0.05、0.01 和 0.001 水平。

表 4-5　环境变量与排序轴的相关性

时间	指标	AX 1	AX 2	AX 3	AX 4
2010 年 4 月	pH 值	−0.3965	0.4883*	0.4596*	0.2805
	土壤有机质	0.3356	−0.5930**	−0.3269	−0.3511
	总氮	−0.3839	−0.2501	−0.7579***	−0.1456
	总磷	0.0096	−0.1288	−0.1125	−0.3782
	有效磷	0.1932	−0.3366	−0.3829	−0.1670
	铵态氮	0.1204	−0.3796	−0.2530	−0.3751
	钾离子	−0.7101***	0.1758	0.3511	−0.0683
	湿度	−0.0995	0.1709	−0.0691	0.2170
	土壤温度	0.1692	−0.0506	−0.3552	0.1600
	电导率	−0.5924**	0.162	0.2053	−0.1111
2010 年 8 月	pH 值	0.0658	−0.5476*	−0.4449*	0.1071
	土壤有机质	−0.1586	0.3416	0.6692***	−0.3157
	总氮	−0.1917	0.3647	0.6925***	−0.1517
	总磷	0.8494***	−0.0478	0.0497	−0.3651
	有效磷	0.2580	0.2216	0.6035**	−0.3255
	铵态氮	−0.2373	0.4002	0.4407*	−0.2132
	钾离子	−0.0333	−0.0935	0.1006	−0.1717
	湿度	−0.0970	0.6846***	0.3150	−0.0697
	土壤温度	−0.1201	−0.3546	−0.0143	−0.1881
	电导率	−0.3263	0.6235**	0.2542	−0.0865

时间	指标	AX1	AX2	AX3	AX4
2010年 11月	pH值	0.5309*	−0.1070	−0.5037*	−0.0156
	土壤有机质	−0.3419	−0.0178	0.4869	0.2595
	总氮	−0.2770	−0.0563	0.4207	0.3342
	总磷	−0.3615	−0.5697**	−0.3508	−0.0266
	有效磷	−0.5226*	−0.3957	−0.0760	−0.0254
	铵态氮	0.1146	−0.1744	−0.0372	0.1356
	钾离子	−0.4963	−0.0373	−0.4338	0.1654
	湿度	0.0145	0.0238	0.7302***	0.4108
	土壤温度	0.4085	0.2989	−0.3546	−0.4987*
	电导率	−0.2011	−0.1819	0.4797*	0.1533
2011年 2月	pH值	0.5686**	−0.2612	−0.1319	0.3149
	土壤有机质	0.2359	0.2776	0.1312	−0.1912
	总氮	0.0352	0.2643	0.0809	−0.1649
	总磷	0.1468	0.0750	−0.3667	0.3437
	有效磷	−0.3584	0.6269**	0.0716	−0.0797
	铵态氮	−0.0233	0.5106*	0.3433	−0.2565
	钾离子	0.0942	0.1145	0.2092	−0.4200
	湿度	−0.2990	0.4061	0.5545**	0.1774
	土壤温度	0.5374*	−0.0016	0.3428	−0.0839
	电导率	0.0545	−0.1551	−0.2135	0.1251

注：符号 *, ** 和 *** 用于指示显著性差异，分别在 0.05，0.01 和 0.001 水平。

2010 年 8 月，TP 则与 CCA 第一排序轴呈显著正相关（相关系数为 0.8494，$P < 0.001$）；与环境因子第一排序轴呈显著正相关（相关系数为 0.8670，$P < 0.001$），位于坐标轴的右侧（图 4-5）。土壤含水率与 CCA 第二排序轴呈正相关（相关系数为 0.6846，$P < 0.01$），与环境因子第二排序轴呈显著负相关关系（相关系数为 0.7158，$P < 0.01$），位于坐标轴的左侧（图 4-5）。土壤有机质和总氮与 CCA 第三排序轴呈显著正相关（相关系数分别为 0.6692 和 0.6925，$P < 0.001$），与环境因子第三排序轴呈显著正相关关系（相关系数为 0.7108 和 0.7356，$P < 0.001$），位于坐标轴的左侧（图 4-5）。通过土壤环境因子与排序轴分析，得出第一排序轴主要反映了总磷，而第二排序轴反映了土壤含水率，第三排序轴主要反映了土壤有机质和总氮。

2010 年 11 月，pH 值与 CCA 第一排序轴呈显著正相关（相关系数为 0.5309，$P < 0.05$）；与环境因子第一排序轴呈显著正相关（相关系数为 0.5832，$P < 0.01$），位于坐标轴的右侧（图 4-5）。总磷与 CCA 第二排序轴呈负相关（相关系数为 -0.5697，$P < 0.01$），与环境因子第二排序轴呈显著负相关关系（相关系数为 -0.6038，$P < 0.01$），位于坐标轴的左侧（图 4-5）。土壤含水率与 CCA 第三排序轴呈显著正相关（相关系数 0.7302，$P < 0.001$），与环境因子第三排序轴呈显著正相关关系（相关系数为 0.7605，$P < 0.001$）。通过土壤环境因子与排序轴分析，得出第一排序轴主要反映了 pH 值，而第二排序轴反映了 TP，第三排序轴主要反映了土壤含水率。

2011 年 2 月，温度与 CCA 第一排序轴呈显著正相关（相关系数为 0.5374，$P < 0.05$）；与环境因子第一排序轴呈显著正相关（相关系数为 0.6130，$P < 0.01$）。有效磷则与 CCA 第二排序轴呈正相关（相关系数为 0.6269，$P < 0.01$），与环境因子第二排序轴呈显著正相关关系（相关系数为 0.6802，$P < 0.001$），位于坐标轴的左侧（图 4-5）。土壤含水率则与 CCA 第三排序轴呈显著正相关（相关系数 0.5545，$P < 0.01$），与环境因子第三排序轴呈显著正相关关系（相关系数为 0.6006，$P < 0.01$），位于坐标轴的左侧（图 4-5）。通过土壤环境因子与排序轴分析，得出第一排序轴主要反映了温度，而第二排序轴反映了有效磷，第三排序轴主要反映了土壤含水率。

利用典范对应分析（CCA）分析了太湖岸带 4 种植被类型下的土壤 pH 值、土壤

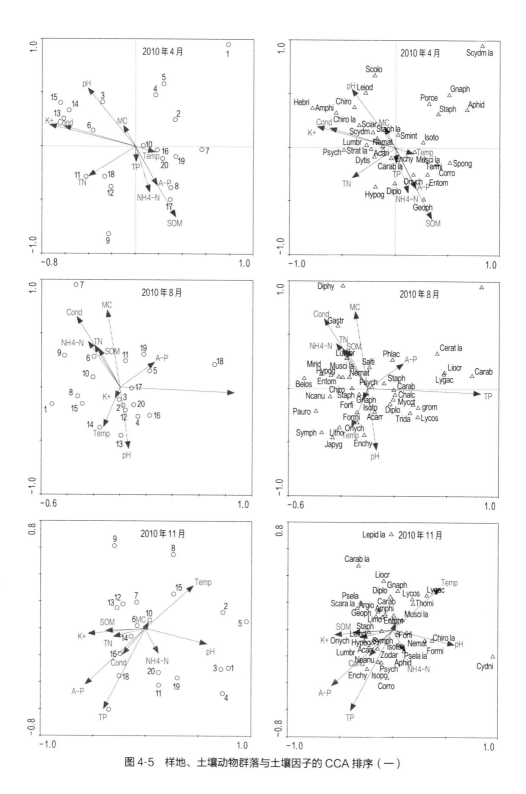

图 4-5　样地、土壤动物群落与土壤因子的 CCA 排序（一）

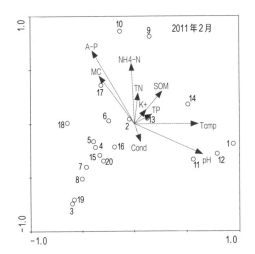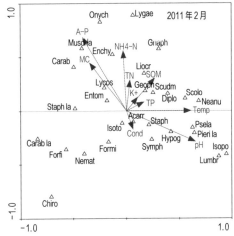

图 4-5　样地、土壤动物群落与土壤因子的 CCA 排序（二）

左图数字代表样地，用○（圆圈）来表示；右图字母代表土壤动物类群，用△（三角形）来表示。腹足纲 .Gastr；双壳纲 .Bival；线虫动物门 .Nemat；正蚓科 .Lumbr；线蚓科 .Enchy；蛭纲 .Hirud；端足目 .Amphi；等足目 .Isopo；鼠妇科 .Porce；潮虫科 .Onisc；卷壳虫科 .Armad；蜈蚣目 .Scolo；地蜈蚣目 .Geoph；石蜈蚣目 .Litho；倍足纲 .Diplo；综合纲 .Symph；少足纲 .Pauro；棘跳科 .Onych；球角跳科 .Hypog；等节跳科 .Isoto；长角跳科 .Entom；圆跳科 .Smint；疣跳科 .Neanu；蛱虫八科 .Japyg；石蛃目 .Archa；蝼蛄科 .Gryll；蟋蟀科 .Myrme；蚤蝼科 .Trida；蝗科 .Acrid；白蚁科 .Termi；啮虫目 .Corro；虱啮科 .Lipos；球啮科 .Sphae；螺蝼科 .Forfi；绵蝼科 .Spong；管蓟马科 .Phlae；蚜科 .Aphid；土蝽科 .Cydni；奇蝽科 .Enico；网蝽科 .Tingi；长蝽科 .Lygae；蝽蝽科 .Ochte；缘蝽科 .Corei；猎蝽科 .Reduv；龟蝽科 .Plata；盲蝽科 .Mirid；盾蝽科 .Scute；红蝽科 .Pyrrh；花蝽科 .Antho；负子蝽科 .Belos；膜蝽科 .Hebri；隐翅甲科 .Staph；阎甲科 .Histe；象甲科 .Curcu；水龟甲科 .Hydro；龙虱科 .Dytis；姬花甲科 .Phala；虎甲科 .Cicin；缨甲科 .Ptili；毛蕈甲科 .Diphy；蚁甲科 .Psela；步甲科 .Carab；球蕈甲科 .Leiod；大蕈甲科 .Eroty；出尾蕈甲科 .Scaph；盘甲科 .Disco；叶甲科 .Chrys；金龟科 .Scara；拟步甲科 .Teneb；苔甲科 .Scydm；步甲科幼虫 .Carab lar；隐翅甲科幼虫 .Staph lar；蚁甲科幼虫 .Psela lar；毛泥甲科幼虫 .Ptilo lar；缨甲科幼虫 .Ptili lar；萤甲科幼虫 .Lampy lar；金龟甲科幼虫 .Scara lar；虎甲科幼虫 .Cicin lar；苔甲科幼虫 .Scydm lar；象甲科幼虫 .Curcu lar；菌蚊科 .Mycet；蝇科 .Musci；蛾蠓科 .Psych；摇蚊科 .Chiro；眼蕈蚊科 .Sciar；食蚜蝇科 .Syrph；蚊科 .Culic；水虻科 .Strat；蚋科 .Simul；潜蝇科 .Agrom；蠓科 .Cerat；果蝇科 .Droso；大蚊科 .Tipul；长足虻科 .Dolic；长足虻科幼虫 .Dolic lar；大蚊科幼虫 .Tipul lar；摇蚊科幼虫 .Chiro lar；蠓科幼虫 .Cerat lar；蝇科幼虫 .Musci lar；茧蜂科 .Braco；小蜂科 .Chalc；蚁科 .Formi；姬蜂科 .Ichne；蚁科幼虫 .Termi lar；鳞翅目 .Lepid；粉蝶科幼虫 .Pieri lar；巨蟹蛛科 .Spara；跳蛛科 .Salti；狼蛛科 .Lycos；狼栉蛛科 .Zorid；光盔蛛科 .Liocr；拟平腹蛛科 .Zodar；平腹蛛科 .Gnaph；蟹蛛科 .Thomi；园蛛科 .Argio；卵形蛛科 .Oonop；幽灵蛛科 .Pholc；真螨目 .Acari；伪蝎目 .Pseud；蜱螨亚纲 .Acarr（以上学名为简写）

有机质、总氮、总磷、有效磷、铵态氮、速效钾、土壤含水率、土壤温度、电导率等10个土壤因子与土壤动物群落分布的相关关系（图4-5）。

2010年4月，第一排序轴与土壤因子K^+、电导率的箭头连线较长，说明第一排序轴与速效钾，电导率相关性较大，第二排序轴与有机质和pH值的箭头连线较长，说明第二排序轴与土壤有机质结构和pH值相关性较大，环境变量与排序轴之间的关系见表4-5。其中，地蜈蚣目受土壤有机质影响较大；弹尾纲长角跳科和棘跳科主要受有效磷的影响；双翅目蝇科幼虫受温度的影响较大；端足目受K^+的影响较大；鞘翅目球蕈甲科和双翅目摇蚊科受pH值的影响较大。等足目鼠妇科、半翅目隐翅甲科、鞘翅目蚁甲科及蜘蛛目平腹蛛科受土壤环境因子的影响较小。

2010年8月，第一排序轴与土壤因子总磷的箭头连线较长，说明第一排序轴与总磷相关性较大，第二排序轴与土壤含水率、电导率和pH值的箭头连线较长，说明第二排序轴与有机质、电导率和pH值相关性较大。其中，鞘翅目步甲科幼虫、半翅目长蝽科、蜘蛛目的光盔蛛科受总磷的影响较大；软体动物门腹足纲受电导率的影响较大；寡毛纲线蚓科受土壤有机质影响较大；节肢动物门等足目受pH值的影响较大；膜翅目蚁科受温度的影响较大。

2010年11月，第一排序轴与土壤因子pH值、有效磷的箭头连线较长，说明第一排序轴与土壤性质pH值、有效磷相关性较大，第二排序轴与总磷的箭头连线较短，说明第二排序轴与总磷相关性较大。其中，等足目受总磷的影响较大；双翅目摇蚊科受pH值的影响较大；半翅目长蝽科受温度的影响较大。鞘翅目步甲科幼虫、鳞翅目幼虫及半翅目土蝽科受土壤环境因子的影响较小。

2011年2月，第一排序轴与土壤因子pH值、温度的箭头连线较长，说明第一排序轴与pH值、温度相关性较大，第二排序轴与有效磷和铵态氮的箭头连线较长，说明第二排序轴与有效磷和铵态氮相关性较大。其中，鳞翅目幼虫和鞘翅目蚁甲科受pH值的影响较大；双翅目蝇科幼虫受A-P的影响较大；蜘蛛目光盔蛛科和鞘翅目苔甲科受土壤有机质影响较大；寡毛纲线蚓科受NH_4-N的影响较大；蜱螨亚纲和弹尾纲等节跳科受电导率的影响较大；蜘蛛目狼蛛科受含水量的影响较大。线虫动物门、鞘翅目步甲科幼虫及等翅目螱螉科受土壤环境因子的影响较小。

Connell和Slatyer（1977）认为植被结构和土壤理化性质是决定土壤动物分布的主要因子，而土壤温湿度的季节变化是影响土壤动物季节动态的主要因子。一般来说，温度过高和过低都不利于土壤动物的繁殖（廖崇惠等，2002），14.3～24.3℃被认为是土壤动物最适宜生存的温度范围。温度变化能够影响植物的生理和群落结构，从而影响土壤动物获取营养物质和微生境的变化。温度通过影响其他环境因子对土壤动物的间接作用远大于温度的直接作用。已有研究发现，温度增加对不同类群的土壤动物的影响不同，这种差异可能源于不同土壤动物对温度变化的响应机制和能力不同。如线虫与线蚓类能通过调节血糖浓度适应环境温度的变化，弹尾目的某些类群则可以通过提高或降低抗冻蛋白的活性来应对温度变化。太湖地区4月随着温度的升高，大量的昆虫幼虫开始滋生繁衍，数量较大；6月大量幼虫变为成虫；温度的季节性增加可以导致部分土壤动物的种类数和个体数下降。在太湖地区8月的平均土温为38℃，属于最热月，不利于土壤动物的繁殖和生长，因此8月的密度和多样性较低。有研究表明，温度升高可以使线蚓向土壤更深层次迁移。廖崇惠等（2003）等也发现亚热带夏季高温不利于小型湿生动物繁衍生息。11月，人类对农作物岸带的干扰逐渐减少，农作物岸带处在一个生境比较稳定，结构相对复杂的状态，有利于土壤动物繁殖。此外，冬季2011年2月所处环境相对比较恶劣，不利于土壤动物的繁殖。Sorenson相似性分析表明太湖岸带湿地土壤动物群落的季节相似性在这4种类型中存在差异；同时，Morisita-Horn分析说明不同植被类型对土壤动物物种丰度产生了不同的影响。

有研究表明，植物群落也是影响土壤动物多样性重要因素之一（Bruelheide et al.，2002；Chen et al.，2007；Warren and Zou，2002），可为土壤动物提供食物来源，满足其生长发育需要，还能为土壤动物提供适宜的栖息环境，由此形成对土壤动物至上而下的控制机制（Cole et al.，2005）。不同植被下光照、温度、湿度、土壤理化性质（土壤类型、pH值和有机质等）等因素导致其土壤动物优势类群不同。土壤动物群落组成与多样性受到植物的地上和地下部分影响显著（王邵军等，2010；黄旭等，2010）。不同植被类型之间，土壤动物分布存在一定的差异，并且存在着明显的不均衡分布现象，即少数物种因其个体数量较多而成为优势类群，如土壤中大量分布的线虫、等足类和膜翅目昆虫，其他土壤动物类群由于个体数量较少而成为稀有类群。有研究表明，土壤动物多样性随人为干扰程度的不同而存在很大差异。不同类型区的土壤动物的数量和组成有季节性变化，人类的农业生产活动可以导致湿地生态系统中土壤动物物种多样性降低，优势度提高，形成只利于少数几个种群栖息和生存的环境，土壤动物生物多样性受到影响，但适度干扰能提高土壤动物生物多样性（王广力等，2005）。本研究中土壤动物的群落密度在 4 期调查阶段间存在一定的差异。在 4 期调查时间内，均以酸模岸带的密度最低，分析原因由于酸模岸带靠近苏州湿地公园，受人为影响较为明显。这表明一定强度的人为干扰可显著降低土壤动物的群落密度。在 4 月和 2011 年 2 月均以作物岸带的密度最高，分别为 67766.39 个 /m² 和 16068.32 个 /m²，究其原因可能是由于土壤中可能留有农作物及杂草的种子或其他繁殖体，增加了土壤空间异质性，为某些土壤动物提供了较为适宜的生存环境，提高了土壤动物物种多样性。而在 8 月和 11 月均以乔灌岸带的密度最高，分别为 14496.42 个 /m² 和 23927.82 个 /m²，乔灌岸带可以产生种类丰富的凋落物，且容易被土壤动物分解消化，同时，可以为中小型土壤动物提供食物、水分及优良的生活场所，尤其对捕食性土壤动物、线蚓和线虫的影响较为明显（Hartmut，1998），故 8 月和 11 月的土壤动物密度和类群较高。

土壤动物的群落结构与多样性受外界条件的影响较大，微生境可以引起土壤动物区系变化。而影响土壤动物类群组成和数量特征的微生境因素很多，包括气候、土壤理化性质（有机质、电导率、pH 值、土壤疏松程度、颗粒大小和含水量等）、人为干扰、地表植被状况等（朱永恒等，2005；张龙龙等，2009）。不同土壤动物对非生物环境因子有不同的响应，例如有研究表明土壤含水量过高可以抑制线虫、双翅目的个体数量。土壤线虫以高湿度为基本生存条件，弹尾类只有在高湿条件下才能进行皮肤呼吸。本书通过对太湖岸带湿地土壤动物与环境因子进行典范对应分析，结果表明不同类群的土壤动物对环境因子的响应不同。从整体来看，各因子对土壤动物分布的影响也存在较大差异。其中，4 月，地蜈蚣目受有机质影响较大；弹尾纲长角跳科和棘跳科主要受有效磷的影响；8 月，鞘翅目步甲科幼虫、半翅目长蝽科、蜘蛛目光盔蛛科受 TP 的影响较大；软体动物门腹足纲受电导率的影响较大；11 月，等足目受 TP 的影响较大；双翅目摇蚊科受 pH 值的影响较大；半翅目长蝽科受温度的影响较大。翌年 2 月，鳞翅目幼虫和鞘翅目蚁甲科受 pH 值的影响较大；双翅目蝇科幼虫受有效磷的影响较大。土壤动物类群和数量的分布与土壤理化性质有密切的关系，这一结论与张雪萍（2000）对土壤动物的分布与环境中的有机质、pH 值、土壤质地和结构有密切关系的结论相同。

第三节 太湖岸带湿地芦苇恢复对土壤动物群落的影响

第三节

岸带恢复是以维持岸带稳定性和生态特征为目标的湿地恢复。通过合适的恢复项目实施，可以有效缓解湿地退化进程，改善退化湿地生态系统的结构和功能，而对湿地恢复过程的跟踪监测与管理是保证恢复项目全面正确实施的有效手段，对于科学恢复湿地、管理湿地以及客观评价湿地恢复效果等工作具有重要意义。基于土壤动物研究对于评价湿地恢复效果及其为管理提供依据的重要性，选取了太湖芦苇岸带湿地中的长期芦苇恢复湿地、短期芦苇恢复湿地及天然芦苇湿地为研究对象。研究旨在了解：①3种芦苇覆被类型土壤动物群落组成及差异；②3种芦苇覆被类型土壤动物群落密度及多样性；③初步了解不同湿地恢复阶段对土壤动物的影响。

一、芦苇恢复对土壤动物群落物种组成的影响

于2010年4、8、11月及2011年2月，在太湖岸带湿地调查不同芦苇恢复期土壤动物，共有93类群。长期芦苇恢复湿地、短期芦苇恢复湿地、天然芦苇湿地3种类型的土壤动物类群数分别为71、51、63（表4-6）。其中，长期芦苇恢复湿地以线蚓科（Enchytraeidae）、倍足纲（Diplopoda）和线虫动物门（Nematoda）为优势类群，分别占总个体数的22.44%、21.01%和19.35%。短期芦苇恢复湿地以线虫动物门为优势类群，占总个体数的23.02%，其次为蜱螨亚纲（Acari），占总个体数的7.22%。天然芦苇湿地以线虫动物门为优势类群，占总个体数的33.83%。

表 4-6 不同恢复时期土壤动物群落类群与数量组成

类群	拉丁学名	长期芦苇恢复湿地		短期芦苇恢复湿地		天然芦苇湿地	
		个体数	占比（%）	个体数	占比（%）	个体数	占比（%）
软体动物门	Mollusca						
腹足纲	Gastropoda	20	1.51	9	1.23	6	0.64
双壳纲	Bivalvia	1	0.08				
线虫动物门	Nematoda	257	19.35	169	23.02	316	33.83
环节动物门	Annelida						
寡毛纲	Oligochaeta						
正蚓科	Lumbricida	67	5.05	22	3.00	19	2.03
线蚓科	Enchytraeidae	298	22.44	32	4.36	60	6.42
蛭纲	Hirudinea					1	0.11
节肢动物门	Arthropoda						
软甲纲	Malacostraca						
端足目	Amphipoda	26	1.96			1	0.11
等足目	Isopoda	4	0.30	42	5.72	9	0.96

类群	拉丁学名	长期芦苇恢复湿地		短期芦苇恢复湿地		天然芦苇湿地	
		个体数	占比（%）	个体数	占比（%）	个体数	占比（%）
鼠妇科	Porcellionidae	13	0.98	1	0.14	1	0.11
潮虫科	Oniscidae			1	0.14		
卷壳虫科	Armadillidae	6	0.45				
唇足纲	Chilopoda						
蜈蚣目	Scolopendromorpha	10	0.75	6	0.82		
地蜈蚣目	Geophilomorpha	8	0.60	21	2.86	16	1.71
石蜈蚣目	Lithobiomorpha			1	0.14	1	0.11
倍足纲	Diplopoda	279	21.01	45	6.13	5	0.54
综合纲	Symphyla	24	1.81	16	2.18	4	0.43
少足纲	Pauropoda	1	0.08	5	0.68	2	0.21
弹尾纲	Collembola						
棘跳科	Onychiuridae	13	0.98	29	3.95	53	5.67
球角跳科	Hypogastruridae	11	0.83	39	5.31	25	2.68

（续）

类群	拉丁学名	长期芦苇恢复湿地		短期芦苇恢复湿地		天然芦苇湿地	
		个体数	占比（%）	个体数	占比（%）	个体数	占比（%）
等节跳科	Isotomidae	12	0.90	46	6.27	45	4.82
长角跳科	Entomobryidae	9	0.68	22	3.00	25	2.68
圆跳科	Sminthuridae	2	0.15			1	0.11
疣跳科	Neanuridae	38	2.86	6	0.82	9	0.96
双尾纲	Diplura						
蛱虫八科	Japygidae	5	0.38	3	0.41	1	0.11
昆虫纲	Insecta						
石蛃目	Archaeognatha	2	0.15				
直翅目	Orthoptera						
蝼蛄科	Gryllotalpidae	1	0.08	1	0.14	1	0.11
蚁蟋科	Myrmecophilidae			1	0.14		
蚤蝼科	Tridactylidae	12	0.90	1	0.14	3	0.32
蝗科	Acrididae	2	0.15				

（续）

类群	拉丁学名	长期芦苇恢复湿地		短期芦苇恢复湿地		天然芦苇湿地	
		个体数	占比（%）	个体数	占比（%）	个体数	占比（%）
等翅目	Isoptera						
白蚁科	Termitidae	5	0.38				
啮虫目	Corrodentia						
虱啮科	Liposcelididae	7	0.53	2	0.27	43	4.60
球啮科	Sphaeropsocidae					1	0.11
革翅目	Dermaptera						
蠼螋科	Forficulidae	5	0.38	17	2.32	12	1.28
绵蠼科	Spongiphoridae	2	0.15			2	0.21
缨翅目	Thysanoptera						
管蓟马科	Phlaeothripidae	5	0.38				
同翅目	Homoptera						
蚜科	Aphididae			2	0.27	1	0.11
半翅目	Hemiptera						

（续）

类群	拉丁学名	长期芦苇恢复湿地		短期芦苇恢复湿地		天然芦苇湿地	
		个体数	占比（%）	个体数	占比（%）	个体数	占比（%）
土蝽科	Cydnidae	2	0.15				
奇蝽科	Enicocephalidae			1	0.14		
长蝽科	Lygaeidae	5	0.38			12	1.28
蝎蝽科	Ochteridae	2	0.15				
猎蝽科	Reduviidae	1	0.08	1	0.14		
盾蝽科	Scutelleridae					1	0.11
膜蝽科	Hebridae	2	0.15				
鞘翅目	Coleoptera						
隐翅甲科	Staphylinidae	21	1.58	32	4.36	20	2.14
阎甲科	Histeridae	1	0.08				
水龟甲科	Hydrophilidae	1	0.08				
姬花甲科	Phalacridae	1	0.08				
缨甲科	Ptiliidae	1	0.08				

类群	拉丁学名	长期芦苇恢复湿地		短期芦苇恢复湿地		天然芦苇湿地	
		个体数	占比（%）	个体数	占比（%）	个体数	占比（%）
毛蕈甲科	Diphyllidae					1	0.11
蚁甲科	Pselaphidae	1	0.08	10	1.36	1	0.11
步甲科	Carabidae	3	0.23	10	1.36	28	3.00
球蕈甲科	Leiodidae	3	0.23			1	0.11
大蕈甲科	Erotylidae Latreille	2	0.15				
叶甲科	Chrysomelidae	1	0.08				
金龟科	Scarabaeidae	1	0.08				
拟步甲科	Tenebrionidae	0				2	0.21
苔甲科	Scydmaenidae	5	0.38			4	0.43
步甲科幼虫	Carabidae	5	0.38	3	0.41	17	1.82
隐翅甲科幼虫	Staphylinidae	1	0.08	7	0.95	6	0.64
缨甲科幼虫	Ptiliidae	1	0.08				
萤科幼虫	Lampyridae	1	0.08				

类群	拉丁学名	长期芦苇恢复湿地		短期芦苇恢复湿地		天然芦苇湿地	
		个体数	占比（%）	个体数	占比（%）	个体数	占比（%）
金龟甲科幼虫	Scarabaeidae					1	0.11
苔甲科幼虫	Scydmaenidae			2	0.27		
象甲科幼虫	Curculionidae	1	0.08	1	0.14		
双翅目	Diptera						
菌蚊科	Mycetophilidae	2	0.15	3	0.41	7	0.75
蝇科	Muscidae	2	0.15			28	3.00
蛾蠓科	Psychodidae			5	0.68	1	0.11
摇蚊科	Chironomidae	7	0.53	2	0.27	2	0.21
眼蕈蚊科	Sciaridae					1	0.11
食蚜蝇科	Syrphidae					1	0.11
蚋科	Simuliidae			1	0.14		
潜蝇科	Agromyjidae	3	0.23	1	0.14	3	0.32
毛蚊科	Bibionidae			1	0.14		

类群	拉丁学名	长期芦苇恢复湿地		短期芦苇恢复湿地		天然芦苇湿地	
		个体数	占比（%）	个体数	占比（%）	个体数	占比（%）
果蝇科	Drosophilidae					1	0.11
大蚊科	Tipulidae	1	0.08				
长足虻科	Dolichopodidae			1	0.14	1	0.11
长足虻科幼虫	Dolichopodidae	2	0.15				
摇蚊科幼虫	Chironomidae	1	0.08	1	0.14	3	0.32
蠓科幼虫	Ceratopogonidae	1	0.08			5	0.54
蝇科幼虫	Muscidae	4	0.30	3	0.41	2	0.21
膜翅目	Hymenoptera						
小蜂科	Chalcididae			1	0.14	1	0.11
蚁科	Termitidae	17	1.28	29	3.95	30	3.21
蚁科幼虫	Termitidae					4	0.43
鳞翅目	Lepidoptera						
粉蝶科幼虫	Pieridae	3	0.23	1	0.14	1	0.11

类群	拉丁学名	长期芦苇恢复湿地		短期芦苇恢复湿地		天然芦苇湿地	
		个体数	占比（%）	个体数	占比（%）	个体数	占比（%）
蛛形纲	Arachnida						
蜘蛛目	Araneae						
跳蛛科	Salticidae	1	0.08			1	0.11
狼蛛科	Lycosidae	2	0.15	3	0.41	3	0.32
狼栉蛛科	Zoridae					3	0.32
光盔蛛科	Liocranidae			7	0.95	9	0.96
平腹蛛科	Gnaphosidae	5	0.38	5	0.68	10	1.07
真螨目	Acariformes	13	0.98	11	1.50	12	1.28
伪蝎目	Pseudoscorpionida	1	0.08				
蜱螨亚纲	Acari	54	4.07	53	7.22	46	4.93
总个体数		1328	100.00	734	100.00	934	100.00
总类群数		71		51		63	

二、芦苇恢复对土壤动物密度的影响

不同恢复阶段的芦苇湿地土壤动物密度对季节变化不敏感，4月的土壤动物群落密度高于其他季节（$P > 0.05$），但差异不显著（图4-6）。同时，长期芦苇恢复湿地、短期芦苇恢复湿地、天然芦苇湿地之间土壤动物密度无显著性差异（$P > 0.05$）。短期芦苇恢复湿地土壤动物密度最低，长期芦苇恢复湿地最高。

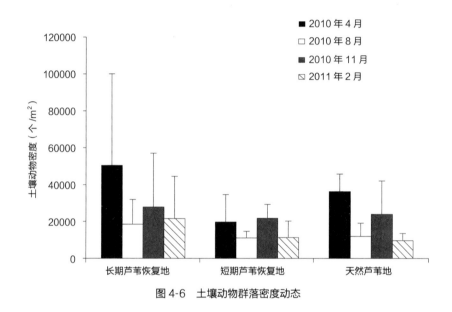

图4-6　土壤动物群落密度动态

三、芦苇恢复对土壤动物群落多样性的影响

2011年11月及翌年2月不同恢复期湿地土壤动物优势度无显著性差异（$P > 0.05$）（图4-7）。不同恢复期湿地间土壤动物类群数无显著性差异（$P > 0.05$）。8月，长期芦苇恢复湿地与天然芦苇湿地均匀度存在显著性差异（$H = 15.052$，$P < 0.05$），其他季节不同恢复期湿地土壤动物类群数无显著性差异（$P > 0.05$）。不同恢复期湿地土壤动物多样性无显著性差异（$P > 0.05$）。

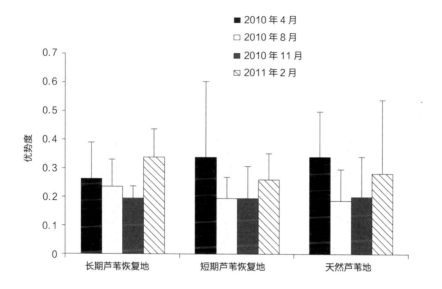

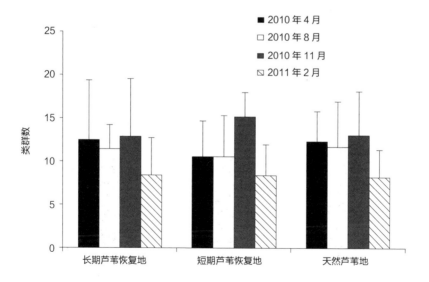

图 4-7　不同恢复时期土壤动物群落多样性（一）

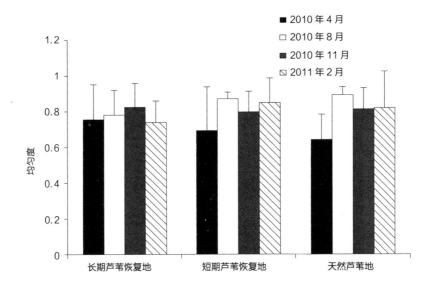

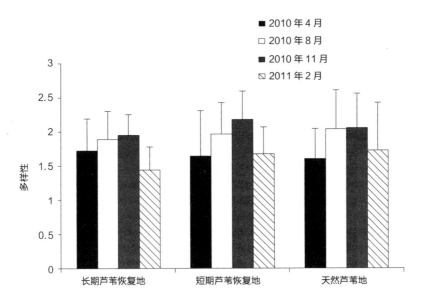

图 4-7 不同恢复时期土壤动物群落多样性(二)

仅 8 月长期芦苇恢复湿地与天然芦苇湿地均匀度存在显著性差异（$H = 15.052$，$P < 0.05$），优势度、类群数、多样性指数都无显著性差异，表明季节变化对土壤动物群落多样性的影响较弱，但对不同恢复阶段的影响程度有所不同。长期芦苇恢复湿地、短期芦苇恢复湿地、天然芦苇湿地土壤动物群落多样性较为接近，无显著性差异。

4、8、11 月和翌年 2 月季节间的土壤动物群落相似性见表 4-7。Jaccard 系数越小，表明其相似程度越低。各类型间的 Jaccard 相似性系数均高于 0.45，表明太湖岸带几种芦苇湿地土壤动物群落物种组成有较强的相似性。Jaccard 相似性系数可以定性分析群落相似性，更偏重于考虑物种组成的差异性；而 Morisita-Horn 系数可以定量分析群落相似性，更偏重于考虑到每个物种的丰度。除了 2011 年 2 月短期芦苇恢复湿地与天然芦苇湿地的 Morisita-Horn 相似性偏低外，2010 年 4、8、11 月和 2011 年 2 月几种芦苇湿地土壤动物群落的 Morisita-Horn 相似性与 Jaccard 相似性系数具有一致性。

不同恢复期湿地土壤动物群落 Jaccard 相似性有所差异，这表明群落空间相似性程度也受季节的影响。4 月短期芦苇恢复湿地与天然芦苇湿地的 Morisita-Horn 相似性系数最小，为 0.27；2 月短期芦苇恢复湿地与天然芦苇湿地的 Morisita-Horn 相似性系数最大，为 0.98（表 4-7）。11 月和翌年 2 月土壤动物群落的 Morisita-Horn 相似性系数较小，说明芦苇恢复时期对土壤动物物种丰度产生了不同的影响。

表 4-7　土壤动物群落相似性

类型	2010 年 4 月			2010 年 8 月			2010 年 11 月			2011 年 2 月		
	LR	SR	NR	LR	SR	NR	LR	SR	NR	LR	SR	NR
LR	1.00	0.32	0.31	1.00	0.64	0.45	1.00	0.53	0.66	1.00	0.65	0.36
SR	0.61	1.00	0.98	0.45	1.00	0.66	0.59	1.00	0.74	0.57	1.00	0.27
NR	0.67	0.67	1.00	0.46	0.60	1.00	0.67	0.65	1.00	0.49	0.63	1.00

注：对角线之下为 Jaccard 指数，对角线之上为 Morisita-Horn 相似性。LR. 长期恢复芦苇湿地；SR. 短期芦苇恢复湿地；NR. 天然芦苇恢复湿地。

四、芦苇恢复对土壤动物垂直分布的影响

不同季节恢复湿地的土壤动物密度和类群数在土壤中的垂直分布有一定的差异 (图 4-8)。4 月，天然芦苇湿地 $0 \sim 5\,cm$ 层与 $5 \sim 10\,cm$、$10 \sim 15\,cm$ 层土壤动物密度呈显著性差异 ($F = 17.120$，$P < 0.001$)，短期和长期芦苇恢复湿地各层间土壤动物无显著性差异 ($P > 0.05$)。8 月，短期芦苇恢复湿地 $0 \sim 5\,cm$ 层与 $5 \sim 10\,cm$、$10 \sim 15\,cm$ 层呈显著性差异 ($F = 6.269$，$P < 0.05$)，长期芦苇恢复湿地和天然芦苇湿地各层间无显著性差异 ($P > 0.05$)。11 月，长期芦苇恢复湿地 $0 \sim 5\,cm$ 层土壤动物密度显著高于 $10 \sim 15\,cm$ 层 ($F = 3.079$，$P < 0.05$)；短期芦苇恢复湿地 $0 \sim 5\,cm$ 层显著高于 $5 \sim 10\,cm$ 层 ($F = 3.347$，$P < 0.05$)；天然芦苇恢复湿地三层之间无显著性差异 ($P > 0.05$)。翌年 2 月，3 种芦苇恢复湿地三层之间无显著性差异 ($P > 0.05$)。

4 月长期芦苇恢复湿地的 $0 \sim 5\,cm$ 层土壤动物类群数显著高于 $5 \sim 10\,cm$、$10 \sim 15\,cm$ 层 ($F = 3.181$，$P = 0.05$)。8 月的 $0 \sim 5\,cm$ 层土壤动物类群数显著高于 $10 \sim 15\,cm$ ($F = 5.926$，$P < 0.01$)。11 月 $0 \sim 5\,cm$ 层土壤动物类群数显著高于 $5 \sim 10\,cm$、$10 \sim 15\,cm$ 层 ($F = 8.312$，$P < 0.01$)。2 月长期芦苇恢复湿地各层间土壤动物类群数无显著性差异。

短期芦苇恢复湿地中，8 月的 $0 \sim 5\,cm$ 层土壤动物类群数与 $5 \sim 10\,cm$、$10 \sim 15\,cm$ 层呈显著性差异 ($F = 6.962$，$P < 0.01$)，其季节间无显著性差异。4 月天然芦苇湿地中土壤 $0 \sim 5\,cm$ 层土壤动物类群数与 $5 \sim 10\,cm$、$10 \sim 15\,cm$ 层呈显著性差异 ($F = 4.303$，$P < 0.05$)。8 月短期芦苇恢复湿地中 $0 \sim 5\,cm$ 层土壤动物类群数显著高于 $10 \sim 15\,cm$ 层 ($F = 3.794$，$P < 0.05$)。11 月 $0 \sim 5\,cm$ 层土壤动物类群数与 $10 \sim 15\,cm$ 层呈显著性差异 ($F = 3.316$，$P < 0.05$)。翌年 2 月各层间土壤动物类群数无显著性差异。

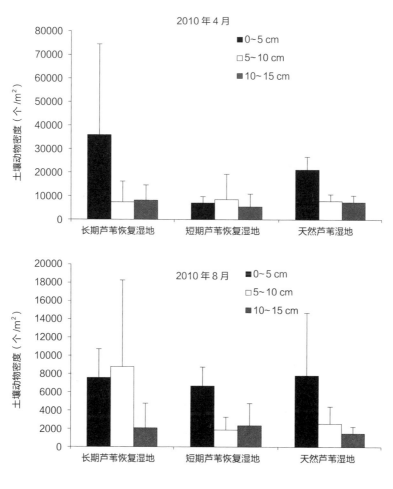

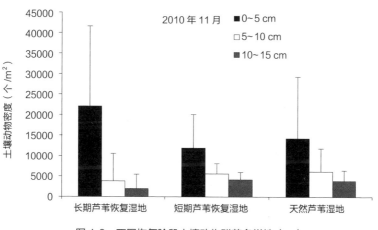

图 4-8　不同恢复阶段土壤动物群落多样性（一）

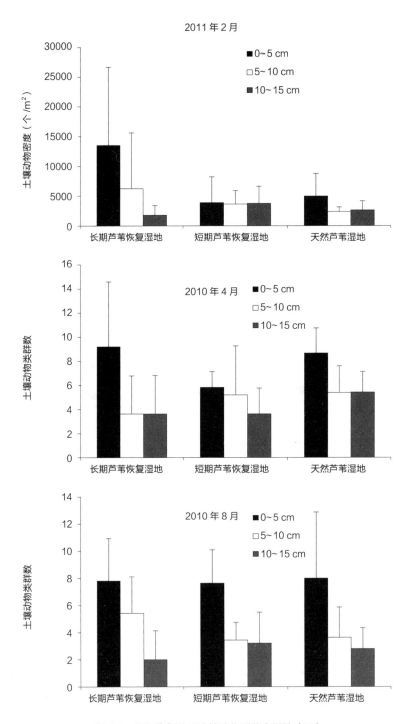

图 4-8 不同恢复阶段土壤动物群落多样性（二）

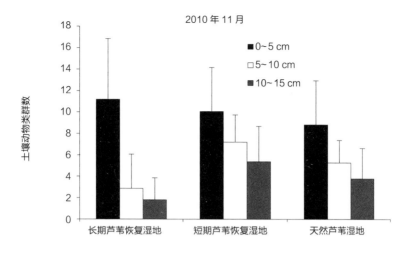

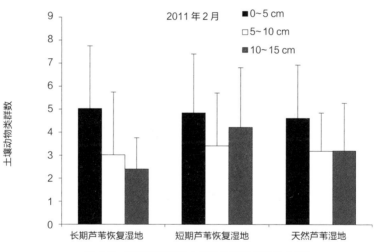

图 4-8 不同恢复阶段土壤动物群落多样性（三）

五、不同土壤动物分布与环境因子的关系

2010 年 4 月土壤环境因子与排序轴分析得出第一排序轴主要反映了 K^+、电导率，第二排序轴反映了温度。K^+、电导率与 CCA 第一排序轴呈显著的正相关（相关系数为 0.7252，$P < 0.001$；0.6030，$P < 0.01$）；温度与 CCA 第二排序轴呈正相关（相

关系数为 0.6359，$P < 0.01$）；而有机质则与 CCA 第三排序轴呈负相关（相关系数为 -0.5947，$P < 0.01$）。

2010 年 8 月土壤环境因子与排序轴分析，得出第一排序轴主要反映了土壤含水率、电导率，而第二排序轴反映了全磷、电导率。土壤含水率（相关系数 0.7868，$P < 0.001$）、电导率（相关系数 0.6558，$P < 0.01$）与 CCA 第一排序轴呈显著的正相关；全磷与 CCA 第二排序轴呈正相关（相关系数为 0.5498，$P < 0.01$），而电导率与 CCA 第二排序轴呈正相关（相关系数为 -0.6387，$P < 0.01$）。

2010 年 11 月土壤环境因子与排序轴分析，得出第一排序轴主要反映了土壤含水率；而第二排序轴反映了有效磷。土壤有机质与 CCA 第一排序轴呈显著的正相关（相关系数为 0.6269，$P < 0.01$）；有效磷与 CCA 第二排序轴呈正相关（相关系数为 0.6330，$P < 0.01$）。

2011 年 2 月通过土壤环境因子与排序轴分析，得出第一排序轴主要反映了全磷、K^+、电导率，而第二排序轴反映了有效磷。全磷与 CCA 第一排序轴呈显著的负相关（相关系数为 -0.6066，$P < 0.01$）；K^+、电导率与 CCA 第一排序轴呈显著的负相关（相关系数分别为 0.5638，0.5546，$P < 0.01$）；有效磷与 CCA 第二排序轴呈正相关（相关系数为 0.5748，$P < 0.01$）；全磷与环境因子第二排序轴呈显著正相关关系（相关系数为 0.5931，$P < 0.01$）。

2010 年 4、8、11 月及翌年 2 月的 CCA 排序的前 2 个轴分别保留了物种数据总方差的 37.40%、31.40%、32.70% 和 36.70%，同时，前 2 轴的物种与环境关系较高，分别共解释了物种－环境关系总方差的 53.30%、44.50%、44.70% 和 45.50%。较高解释量说明土壤理化性质对太湖岸带湿地土壤动物群落的分布格局有较大的影响。Gauch（1982）的研究结果表明如果前 3 个主要特征向量的方差占总方差的 40% 以上，则排序效果是满意的。因此，只保留 CCA 的前 2 轴，就可以较好地反映太湖岸带芦苇湿地土壤动物群落与土壤理化性质之间的关系。

分别对不同季节太湖 3 个恢复期芦苇湿地的土壤动物与 10 项土壤环境因子进行了 CCA 排序（图 4-9、表 4-8 和表 4-9）。2010 年 4 月，第一排序轴与土壤速效钾、电导率的箭头连线较长，说明第一排序轴与土壤性质速效钾、电导率相关性较大，第二排序轴与温度的箭头连线较长，说明第二排序轴与温度相关性较大，环境变量与排序轴之间的关系详见表 4-8。其中，弹尾纲圆跳科、综合纲等足目卷壳虫科受速效钾影响较大，鞘翅目隐翅甲科幼虫主要受温度的影响。而双翅目蝇科幼虫、摇蚊科幼虫、蛾蠓科幼虫、鞘翅目苔甲科幼虫受土壤环境因子的影响较小。

2010 年 8 月，第一排序轴与土壤因子土壤含水率，电导率的箭头连线较长，说明第一排序轴与土壤有机质、电导率相关性较大，第二排序轴与总磷、电导率的箭头连线较长，说明第二排序轴与温度相关性较大。其中，双翅目蝇科幼虫受土壤有机质影响较大，缨翅目管蓟马科受电导率的影响较大，同翅目长蝽科总磷影响较大，而唇足纲地蜈蚣目、半翅目长蝽科等受土壤环境因子的影响较小。

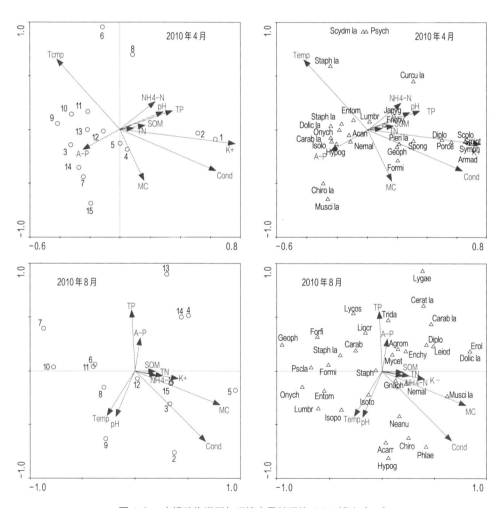

图 4-9　土壤动物类群与环境变量关系的 CCA 排序（一）

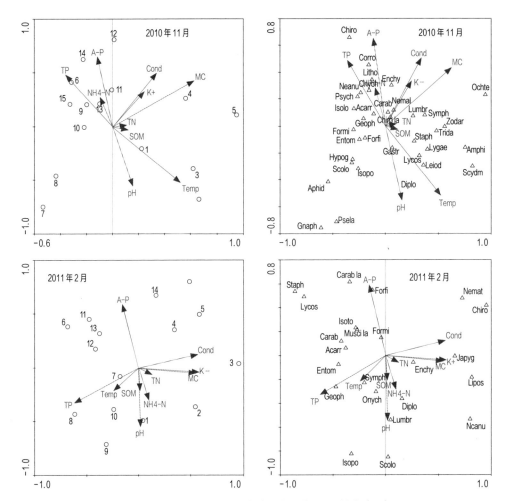

图4-9 土壤动物类群与环境变量关系的CCA排序（二）

左图数字代表样地，用○代来表示；右图字母代表土壤动物类群，用△表示。大蕈甲科.Eroty；蜱螨亚纲.Acarr；潜蝇科.Agrom；端足目.Amphi；蚜科.Aphid；卷壳虫科.Armad；步甲科.Carab；步甲科幼虫.Carab lar；蠓科幼虫.Cerat lar；摇蚊科.Chiro；摇蚊幼虫.Chiro lar；虮啮科.Corro；象甲科幼虫.Curcu lar；倍足纲.Diplo；长足虻科幼虫.Dolic lar；线蚓科.Enchy；长角跳科.Entom；螋蜥科.Forfi；蚁科.Formi；腹足纲.Gastr；地蜈蚣科.Geoph；平腹蛛科.Gnaph；球角跳科.Hypog；等足目.Isopo；等节跳科.Isoto；双尾纲铁虫八科.Japyg；球蕈甲科.Leiod；光盔蛛科.Liocr；虮啮科.Lipos；石蜈蚣目.Litho；正蚓科.Lumbr；狼蛛科.Lycos；长蝽科.Lygae；蝇科幼虫.Musci lar；菌蚊科.Mycet；疣跳科.Neanu；线虫动物门.Nemat；蜉蝣科.Ochte；棘跳科.Onych；管蓟马科.Phlae；粉蝶科幼虫.Pieri lar；鼠妇科.Porce；蚁甲科.Psela；蛾蠓科.Psych；蜈蚣目.Scolo；苔甲科.Scydm；苔甲科幼虫.Scydm lar；圆跳科.Smint；绵蜥科.Spong；隐翅虫科.Staph；隐翅虫科幼虫.Staph lar；综合纲.Symph；蚤蝼科.Trida；拟平腹蛛科.Zodar（图中学名为简写）

表 4-8　环境变量与排序轴的相关性

时间	指标	SPEC AX1	SPEC AX2	SPEC AX3	SPEC AX4	ENVI AX1	ENVI AX2	ENVI AX3	ENVI AX4
2010年 4月	pH值	0.2723	0.1587	0.4088	-0.2560	0.2880	0.1627	0.4576*	-0.3056
	土壤有机质	0.1621	0.0369	-0.5947**	0.1619	0.1714	0.0379	-0.6658***	0.1933
	总氮	0.0894	0.0125	-0.5256	0.1341	0.0946	0.0128	-0.5884**	0.1602
	总磷	0.3302	0.1697	-0.1136	0.0018	0.3492	0.1740	-0.1272	0.0021
	有效磷	-0.2314	-0.1837	-0.4063	0.1605	-0.2447	-0.1884	-0.4548*	0.1916
	铵态氮	0.2189	0.2463	-0.5295*	-0.0101	0.2316	0.2525	-0.5928**	-0.0120
	钾离子	0.7252***	-0.1320	0.3457	0.0507	0.7671***	-0.1354	0.3870	0.0605
	湿度	0.1522	-0.4658*	-0.0561	0.3254	0.1609	-0.4776*	-0.0628	0.3885
	土壤温度	-0.3955	0.6359**	-0.3465	0.0208	-0.4184	0.6519**	-0.3879	0.0248
	电导率	0.6030**	-0.3741	0.1877	0.0313	0.6378**	-0.3835	0.2101	0.0373
2010年 8月	pH值	-0.1766	-0.4166	0.3065	-0.5711**	-0.1803	-0.4262	0.3255	-0.6224**
	土壤有机质	0.1944	-0.0080	0.2581	0.6585**	0.1984	-0.0082	0.2741	0.7177***
	总氮	0.2487	-0.0385	0.2931	0.6173**	0.2539	-0.0394	0.3113	0.6728***
	总磷	-0.0282	0.5498**	-0.4026	0.5201*	-0.0288	0.5624**	-0.4276	0.5668**
	有效磷	0.0482	0.2975	-0.3921	0.5056*	0.0492	0.3043	-0.4164	0.5510**
	铵态氮	0.2307	-0.0421	0.2249	0.7349***	0.2356	-0.0431	0.2388	0.8009***
	钾离子	0.4016	-0.0698	0.1162	0.6135**	0.4100	-0.0714	0.1234	0.6686***
	湿度	0.7868***	-0.3099	-0.0781	0.2738	0.8033***	-0.3170	-0.0830	0.2984

（续）

时间	指标	SPEC AX1	SPEC AX2	SPEC AX3	SPEC AX4	ENVI AX1	ENVI AX2	ENVI AX3	ENVI AX4
2010年 8月	土壤温度	-0.2552	-0.4026	0.5988**	-0.3635	-0.2605	-0.4119	0.6360**	-0.3961
	电导率	0.6558**	-0.6387**	-0.0335	-0.1125	0.6696***	-0.6533**	-0.0356	-0.1227
	pH值	0.1573	-0.5384*	0.2270	-0.0243	0.1579	-0.5517**	0.2313	-0.0245
	土壤有机质	0.1209	-0.0295	-0.3476	0.2508	0.1214	-0.0302	-0.3543	0.2530
	总氮	0.1049	0.0127	-0.3327	0.2467	0.1054	0.0130	-0.3391	0.2438
	总磷	-0.3600	0.4710*	-0.3302	0.0237	-0.3616	0.4826*	-0.3366	0.0239
	有效磷	-0.1145	0.6330**	-0.1122	0.0263	-0.115	0.6486**	-0.1144	0.0265
	铵态氮	-0.0955	0.2694	0.4172	0.4595*	-0.0959	0.2760	0.4253	0.4634*
	钾离子	0.2452	0.3227	0.4125	0.2308	0.2463	0.3307	0.4205	0.2327
	湿度	0.6269**	0.4164	0.0151	0.4880*	0.6296**	0.4267	0.0154	0.4921*
2011年 2月	土壤温度	0.5214*	-0.5046*	-0.1226	-0.2820	0.5237*	-0.5170	-0.1250	-0.2844
	电导率	0.3407	0.4880*	0.2526	0.6205**	0.3422	0.5000*	0.2575	0.6257**
	pH值	0.0169	-0.5305*	0.5435*	0.4016	0.0172	-0.5474*	0.5487**	0.4107
	土壤有机质	0.0133	-0.2016	-0.1849	0.0327	0.0136	-0.2080	-0.1867	0.0335
	总氮	0.1214	-0.0602	-0.2722	-0.0931	0.1238	-0.0621	-0.2748	-0.0952
	总磷	-0.6066**	-0.3182	0.0034	-0.0943	-0.6186**	-0.3283	0.0035	-0.0965
	有效磷	-0.1535	0.5748**	-0.4736**	-0.1547	-0.1565	0.5931**	-0.4781*	-0.1582
	铵态氮	0.0955	-0.2844	0.3118	-0.4122	0.0974	-0.2935	0.3147	-0.4215

（续）

时间	指标	SPEC AX1	SPEC AX2	SPEC AX3	SPEC AX4	ENVI AX1	ENVI AX2	ENVI AX3	ENVI AX4
2011年 2月	钾离子	0.5638**	−0.0373	−0.1991	−0.2533	0.5750**	−0.0385	−0.2010	−0.259
	湿度	0.5322*	−0.0477	0.4342*	−0.4014	0.5427	−0.0492	0.4383*	−0.4105
	土壤温度	−0.2374	−0.2092	0.5764**	0.1515	−0.2421	−0.2158	0.5819**	0.15500
	电导率	0.5546**	0.1226	0.1218	−0.0133	0.5656**	0.1265	0.1230	−0.0136

注：符号*，**和***用于指示显著性差异，分别在0.05、0.01和0.001水平。

表 4-9 CCA 排序结果

轴	2010年4月 1	2010年4月 2	2010年8月 1	2010年8月 2	2010年11月 1	2010年11月 2	2011年2月 1	2011年2月 2
特征值	0.372	0.195	0.379	0.357	0.334	0.210	0.442	0.325
物种 - 环境相关性	0.945	0.975	0.979	0.978	0.996	0.976	0.981	0.969
累计百分比方差								
物种数据	24.5	37.4	16.2	31.4	20.1	32.7	21.2	36.7
物种 - 环境数据	35.0	53.3	22.9	44.5	27.4	44.7	26.3	45.5
总特征值	1.515		2.344		1.662		2.088	
总典型特征值	1.064		1.652		1.216		1.684	

2010 年 11 月，第一排序轴与土壤含水率的箭头连线较长，说明第一排序轴与土壤有机质相关性较大，第二排序轴与有效磷的箭头连线较长，说明第二排序轴与有效磷相关性较大，其中，啮虫目受有效磷影响较大，综合纲受土壤有机质影响较大，而蜘蛛目平腹蛛科及鞘翅目蚁甲科等受土壤环境因子的影响较小。

2011 年 2 月，第一排序轴与土壤总磷、K⁺、电导率的箭头连线较长，说明第一排序轴与土壤性质总磷、K⁺、电导率相关性较大，第二排序轴与有效磷的箭头连线较长，说明第二排序轴与有效磷相关性较大。其中，唇足纲地蜈蚣目受总磷影响较大；而等足目、弹尾纲跳科、鞘翅目隐翅甲科受土壤环境因子的影响较小。

湖岸带湿地不同芦苇恢复期土壤动物种的异质性较高，绝大部分动物个体仅属于很少的几个类群，而绝大多数类群仅拥有很少的个体。虽然稀有类群和极稀有类群的个体数很少，但其中一些个体较大的种类，如蚯蚓、双翅目幼虫、鞘翅目幼虫、倍足类以及唇足类等，却是碎裂植物残体的主要动力（傅必谦等，1997；韩立亮等，2007），在物质循环过程中发挥着重要作用（刘红和袁兴中，1999；葛宝明等，2005）。

土壤动物的数量和种类随土壤深度的增加趋于减少，但不同湿地恢复期及不同季节土层的土壤动物个体及类群数量存在差异。土壤动物数量和种类具有表聚现象，绝大部分的种类和个体都集中在 0~5 cm，分析原因可能是由于植物根系主要集中于湿地土壤 0~5 cm 层，透气性较好，0~10 cm 土层是湿地植物根系的主要分布区（王大力和尹澄清，2000；赵建刚等，2003），可为土壤动物提供相对充足及适宜的生存环境；而底层土壤透气性差，易受周期性水淹的影响（彭佩钦等，2005）。本研究中随着土壤剖面深度的加深，土壤动物类群和数量逐渐减少，也有个别样地局部出现数量逆转现象，但从整体上看，土壤动物的垂直分布较为明显，表现出较强的表聚性。

长期芦苇恢复湿地及天然芦苇湿地在 4 月出现最大值，短期芦苇恢复湿地在 11 月出现最大值。除 8 月长期芦苇恢复湿地与天然芦苇湿地均匀度存在显著性差异外，长期芦苇恢复湿地、短期芦苇恢复湿地、天然芦苇湿地土壤动物群落多样性较为接近，并无显著性差异。除翌年 2 月，太湖岸带湿地不同芦苇恢复期的土壤动物群落密度的分布规律基本满足长期芦苇恢复湿地 > 天然芦苇湿地 > 短期芦苇恢复湿地的规律这一趋势。长期芦苇恢复湿地不论物种数量还是个体数量均高于短期芦苇恢复湿地和天然芦苇湿地，分析原因可能在于：长期芦苇恢复湿地植被覆盖率较高，系统结构相对较复杂，0~5 cm 层积累的调落分解物较多，植被凋落物是土壤有机质的重要来源，并且对涵养水分、稳定土壤温度具有重要作用，该生境类型土壤动物既有丰富的食物来源，又有稳定适宜的生存环境（傅必谦等，2002）。

短期芦苇恢复湿地生态系统结构相对简单，土壤动物生存环境有较高的波动性，由于植被凋落物较少、质量较差、周期性淹水等原因在一定程度上制约了土壤动物的繁殖，从而影响土壤动物的数量和分布，而表现出较低的生物多样性及土壤动物密度。天然芦苇湿地作为一个顶级生态群落由于受到周期性淹水的影响，物种数目相对较少，但却维持较高的稳定性。2 月，天然芦苇湿地土壤动物数量低于短期芦苇恢复湿地，土壤动物密度异常的主要是因为当地冬季对芦苇湿地进行了火烧，火烧引起该区土壤温度升高，进而导致部分土壤动物死亡，因而土壤动物密度下降。

第 五 章

太湖典型
小流域营养盐
的 迁 移 及
输 出 评 估
——以苕溪为例

高常军 摄

苕溪位于太湖流域西南部（119°10′~120°11′E、30°04′~30°57′N），分为东、西苕溪两大支流，两溪在浙江省湖州市北白雀塘桥汇合，共同注入太湖。苕溪主流长度157.4 km，苕溪流域面积4576.4 km^2，占太湖流域面积的12.54%。流域多年平均径流量大（14.93×10^{9}m^3），是太湖的主要来水支流之一（湖州市水文局，2008）。

苕溪流域位于亚热带季风气候区，雨热同期、四季分明、气候湿润，多年平均降水量和年均气温分别为1141.6 mm和16.5℃。流域地势自西南向东北逐步降低和倾斜，依次呈现山地、丘陵和平原的梯度分布，且降水量等值线分布与地形等高线走向基本一致，自西南向东北递减，是界限相对较完整的流域（李兆富等，2009）。上游地区土地利用类型主要以竹林为主，中下游地区主要土地利用类型为水稻田、城镇和农村居民点（聂泽宇等，2012）。

第一节　西苕溪流域景观特征与水文过程对水体营养盐的调控作用

西苕溪是太湖的主要水源支流之一，随河水迁移的碳、氮、磷等营养元素大量进入太湖并影响太湖水生态系统（Guo，2007；Stone，2011）。过去几十年间，西苕溪受上游流域各种人为干扰的影响，如土地利用变化、城市扩张与人口增加，灌溉农田影响水文循环等，造成西苕溪及太湖水质恶化和水生态系统退化。而这些也是中国东部平原区及其他国家在内陆河流水资源保护与水生态系统修复方面所遇到的亟待解决的问题（Stone，2011）。

一、西苕溪流域景观特征与水文过程调查

西苕溪流域地形复杂土地利用类型多样。上游以山区为主，森林为主导用地类型；中游为低山丘陵区，多分布有城镇和水稻田；下游为平原地区，有几个大型城镇居民点分布其中（图 5-1）。流域内土地利用类型以森林和农田为主，占流域面积 87.72%。其中，竹林占森林面积的 45.5%，而水稻田占耕地面积的 94.8%。森林占流域面积的 63.48%，水域、建设用地、耕地、草地和未利用地在流域中所占的面积百分比分别为 3.29%、7.58%、24.24%、0.78% 和 0.63%（Liang et al.，2008）。

自 2011 年 7 月至 2012 年 6 月对西苕溪 14 条溪流（图 5-2，分为源头溪流、小支

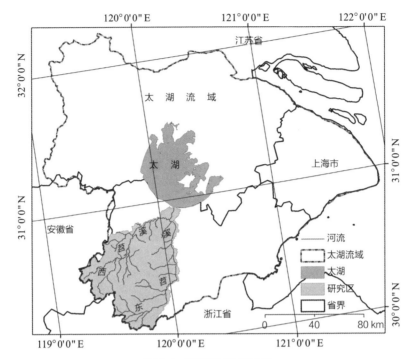

图 5-1　苕溪流域位置示意

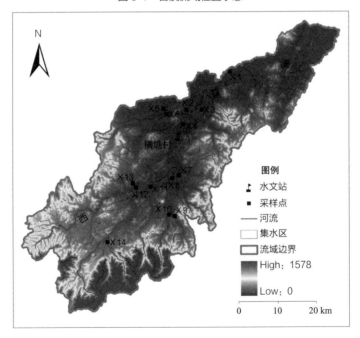

图 5-2　西苕溪流域位置及地表水采样点

流和主干道等类型）逐月采样共计 12 次，水样用于分析水体中的 TOC、TN 和 TP，并基于 3 项指标计算 C/N、C/P 和 N/P 元素质量比。

流域景观特征数据来源于美国地质勘探局地球资源观测与科学中心（http：//glovis.usgs.gov/）的 Landsat TM 影像和中国国家测绘地理信息局（http：//www.sbsm.gov.cn/）的 1∶5 万地形图。 遥感影像和地形图经过配准、校正，将影像投影定义为 Albers 等积投影。 将 TM 影像中的 1~5 和 7 波段进行波段组合用于生成森林、水域、城镇（包括城市、农村居民点和道路等）、草地、耕地（包括旱地和水稻田）和裸地（未利用地和采矿废弃地）等 6 种土地利用分类（图 5-3）。 通过实地考察及 Google Earth 平台提供的高分辨率影像对分类结果进行精度检验，总体分类精度在 85% 以上。 运用 ArcGIS 9.3 软件包中的水文分析模块获取苕溪流域内各干支流长度与溪流密度信息。 西苕溪流域各土地利用面积统计见表 5-1 至表 5-3。

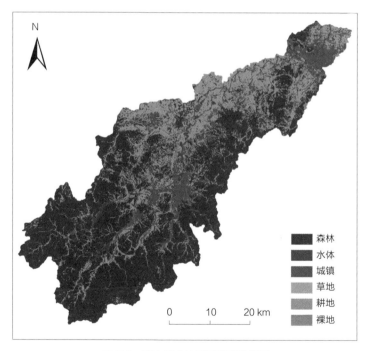

图 5-3　研究区土地利用类型分类图

表 5-1 西苕溪流域景观特征统计信息

景观变量	简称	单位	均值	标准差	最大值	最小值
平均坡度	坡度	%	14.03	7.57	27.72	2.59
溪流长度	长度	km	21.21	11.24	43.81	8.05
溪流密度	密度	km^{-1}	0.21	0.07	0.34	0.11
耕地占流域面积百分比	耕地	%	28.86	21.90	67.39	5.19
草地占流域面积百分比	草地	%	0.56	0.57	2.07	0.11
城镇占流域面积百分比	城镇	%	8.39	8.68	36.22	1.09
森林占流域面积百分比	森林	%	59.69	24.94	92.02	15.15
裸地占流域面积百分比	裸地	%	0.45	1.12	4.24	0.00
水域占流域面积百分比	水域	%	1.98	1.76	6.53	0.03

表 5-2 西苕溪各子流域景观变量之间相关系数

景观特征	坡度	长度	密度	耕地	草地	城镇	森林	裸地	水域
坡度	1.00	0.36	-0.39	-0.93**	-0.45	-0.22	0.95**	-0.54*	-0.65*
长度		1.00	-0.17	-0.17	-0.06	-0.23	0.21	0.17	0.22
密度			1.00	0.29	0.45	0.33	-0.43	0.49	0.24
耕地				1.00	0.44	0.00	-0.94**	0.71**	0.71**
草地					1.00	0.20	-0.58*	0.60*	0.69**
城镇						1.00	-0.32	-0.16	0.09
森林							1.00	-0.67**	-0.76**
裸地								1.00	0.66*
水域									1.00

注：* 在 0.05 水平下显著相关；** 在 0.01 水平下显著相关。

表 5-3 西苕溪流域采样点与六种用地类型统计信息

样点	面积 (km²)	类型	占采样流域面积百分比（%）					
			草地	城镇	耕地	森林	裸地	水域
X1	96.56	耕地	2.07	5.62	66.18	15.15	4.24	6.53
X2	23.59	耕地	0.51	2.95	57.35	35.42	0.79	2.81
X3	148.63	耕地	0.21	6.15	30.99	60.92	0.14	1.59
X4	140.02	耕地	1.16	9.06	44.91	39.85	0.17	4.85
X5	55.81	耕地	0.45	9.70	67.39	20.15	0.05	2.08
X6	150.73	耕地	0.23	3.08	34.42	60.45	0.51	1.23
X7	147.75	城镇	0.12	11.15	10.55	77.07	0.00	1.11
X8	36.83	城镇	1.04	36.22	16.83	43.91	0.00	2.00
X9	52.48	森林	0.11	4.55	10.60	84.71	0.00	0.03
X10	83.39	森林	0.31	7.94	8.92	81.56	0.00	1.27
X11	95.05	城镇	0.41	11.02	19.55	67.93	0.44	0.64
X12	128.40	森林	0.11	7.54	20.02	71.40	0.00	0.92
X13	355.18	森林	0.14	1.37	11.09	85.17	0.00	2.13
X14	91.37	森林	1.03	1.09	5.19	92.02	0.00	0.60

注：景观类型对河流径流及水环境的影响具有阈值效应，如当某用地类型百分比达到一定数值，其对河流的调控作用会发生显著变化。依据主要用地类型将采样流域分为三类：耕地、城镇和森林。

溪流流量的测定与水样采集同步进行，通过 2 种途径获取溪流流量数据。 应用湖州市水文局在横塘村水文测量站测得的与每次采样期时间同步的日均流量数据（m³/s）。 横塘村水文站位于西苕溪中游主河道中央，其上游无水利设施、水流自由流动，与上下游干支流流量有较强相关性，因此，该样点 X4 流量数据可以用作反映河流网络系统水文过程的代理指标，用于评价其对流域景观与 C∶N∶P 之间关联度动态变化的影响。 该采样点的流量数据同样也用来代表西苕溪下游地区 X1 样点的流量数据。 流域内其他 12 个采样溪流的流量数据利用（SonTek/YSI-Flow Tracker）便携式流速仪，通过在采样点上下游几个规则河流断面测量河流流速与深度等信息，再利用流量式计算得到，每次采样期间每个采样点的平均流量值。 采样期间每条溪流的流量值用来分析其与 C∶N∶P 之间的相关性，然后再分析各集水区内景观结构特征对其关系的控制作用。

二、溪流水体营养元素计量比时空变化

　　在不同采样时间及不同采样点之间 C∶N∶P 比均存在显著变化（图 5-4）。 西苕溪流域中 C∶N、C∶P 和 N∶P 比的均值分别为 67.3±45.1、2782.8±1304.4 和 65.9±47.4。3 种营养元素比的平均值均显著高于太湖水体及 0~5 cm 层沉积物中相

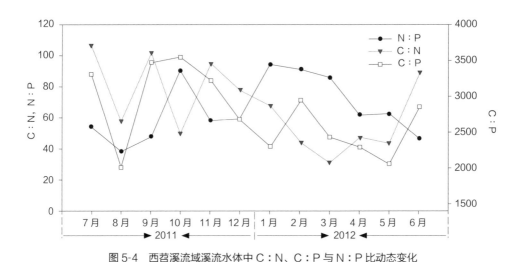

图 5-4　西苕溪流域溪流水体中 C∶N、C∶P 与 N∶P 比动态变化

应的元素质量比（Liu et al.，2011；Qu et al.，2001；Xu et al.，2010）。这可能是由于西苕溪流域各溪流在输送碳、氮和磷的过程中较多的氮和磷通过生物吸收固定或转化等途径被滞留在河道中。

西苕溪流域各溪流水体中 C∶N∶P 存在显著的季节差异，仅在个别时间节点内有相似变化趋势。在仲夏至早秋期间（7、8、9 月），3 种营养元素比的变化趋势呈现一致的"V"形曲线。在 9 月至翌年 5 月期间，C∶N 和 C∶P 在波动中逐步下降，而在 5 月之后，两者均有显著上升趋势。N∶P 则表现出相反的变化趋势，在 9 月至翌年 1 月期间，其在波动中逐渐增加，随后则呈逐步下降趋势。C∶N∶P 在雨季的变化幅度要大于其在旱季的变幅。一种可能的解释为，雨季期间 C、N、P 元素的输出机理更复杂，同时雨季期间也可能有一些工厂和养殖场等雨季期间排污，对 C、N、P 浓度变化有一定影响。

2011 年 7 月至 2012 年 6 月期间，西苕溪流域 14 条采样溪流之间 C∶N、C∶P 和 N∶P 值存在显著的空间差异（表 5-4）。以耕地或森林为主要用地类型的流域中溪流水体 C∶N 值总体偏高（＞ 86），如 X2、X9 和 X12 等，而较低的 C∶N 值（＜ 38）主要出现在流域内以耕地为主要用地类型的溪流水体中，如 X3 和 X4。C∶P 比的空间分布规律与 C∶P 比相似，以森林为主要用地类型的流域中溪流水体的 C∶P 比值较高（＞ 3350），如 X9、X10、X12、X13 和 X14。那些城镇或耕地占一定比例的流域中溪流水体 C∶P 比值较低（＜ 1500），如 X3 和 X7。

森林覆盖度高的集水区溪流水体中 C∶N 和 C∶P 比值较高。这可能是由于流经森林区的溪流水体所携带的外源有机物中含丰富的碳和较少的氮和磷，表明集水区内的森林分布区会向溪流中输出较多的陆源有机物质（Fisher et al.，1972；Frost et al.，2009）。暖温带湿润气候区下，流域中的城镇和精耕农业分布区输出到溪流内的水含有较高的 N 和 P 浓度和通量（Biggs et al.，2004；Carpenter et al.，1998）。以人为景观为主的地区，输出量较大的悬浮物中颗粒态和溶解态营养元素含量较高，并会导致水体中 C∶N 和 C∶P 值降低（Carpenter et al.，1998；Whiles et al.，2002），可能导致流域内以人为景观为主的溪流水体中 C∶N 和 C∶P 值含量较低，它们通常在以森林为主要用地类型的溪流中富集，而在以耕地或城镇为主要用地类型的溪流中降解。

表 5-4　西苕溪流域 14 个采样溪流中 C∶N、C∶P 与 N∶P 统计

| 样点 | C∶N | | | N∶P | | | C∶P | | |
	均值 ± 标准差	最大值	最小值	均值 ± 标准差	最大值	最小值	均值 ± 标准差	最大值	最小值
X1	46.5 ± 57.1	221.2	15.6	2312.0 ± 914.3	3768.7	967.2	84.4 ± 49.4	160.2	15.6
X2	100.2 ± 49.7	199.9	35.1	3054.5 ± 914.3	4364.4	1234.3	37.1 ± 19.4	81.1	10.4
X3	37.5 ± 6.3	51.5	29.0	827.3 ± 355.4	1588.1	492.1	22.7 ± 9.2	42.1	13.3
X4	35.1 ± 20.2	74.4	16.2	2532.5 ± 1679.3	4993.1	868.5	83.5 ± 31.2	149.4	39.9
X5	78.1 ± 44.3	199.1	30.1	2650.2 ± 696.1	3998.8	1707.7	41.0 ± 17.4	61.7	17.5
X6	66.8 ± 35.4	144.2	32.3	3143.7 ± 1063.1	5496.3	1953.6	53.5 ± 16.5	78.8	23.2
X7	48.0 ± 31.9	132.9	22.5	1447.6 ± 816.6	3548.7	524.6	37.4 ± 20.5	85.1	14.1
X8	73.8 ± 55.2	220.0	37.2	2935.9 ± 1160.2	5339.5	1270.1	60.6 ± 28.8	95.4	10.5
X9	99.7 ± 46.9	177.4	36.9	3350.2 ± 1491.8	5320.5	1509.1	41.6 ± 13.2	72.3	26.5
X10	58.2 ± 39.0	139.8	14.8	3695.2 ± 829.3	4930.9	2391.8	119.8 ± 53.2	202.8	38.1
X11	71.2 ± 30.9	129.0	37.8	2800.1 ± 1019.1	4563.0	1588.8	67.5 ± 40.1	173.5	27.9
X12	86.8 ± 38.4	147.4	34.1	3368.3 ± 1589.9	5482.3	662.1	50.5 ± 25.7	99.0	8.8
X13	75.1 ± 33.3	136.7	29.2	3363.7 ± 1188.7	5763.9	2137.0	82.8 ± 39.6	159.7	31.3
X14	63.1 ± 63.0	252.2	19.0	3477.5 ± 746.8	4168.6	2041.4	140.3 ± 75.6	276.0	19.5
合计	67.3 ± 45.1	252.2	14.8	2782.8 ± 1304.4	5763.9	492.1	65.9 ± 47.4	276.0	8.8

当河水自上游流经西苕溪各条干支流时，溪流水体中 C∶N、C∶P 和 N∶P 比值间存在弱相关关系。溪流水体中 C∶N 与 C∶P 之间呈显著正相关关系（$R^2 = 0.15$，$P < 0.01$）与 N∶P 之间呈显著负相关关系（$R^2 = 0.14$，$P < 0.01$）。而 C∶P 和 N∶P 比呈显著正相关关系（$R^2 = 0.32$，$P < 0.01$）。这表明流域内的 C、N 和 P 元素经由陆地进入水体的迁移过程中，彼此之间存在相对紧密的联系。每种营养元素比与其组分间也存在一定的相关性。C∶N 比与 C 元素之间有显著正相关关系（$R^2 = 0.35$，$P < 0.01$），与 N 元素之间有显著负相关关系（$R^2 = 0.59$，$P < 0.01$），说明 C∶N 比的动态变化与 C 和 N 两种元素均有关系。C∶P 比与 C 元素之间无显著相关性（$R^2 = 0.01$，$P = 0.23$），而与 P 元素有显著负相关关系（$R^2 = 0.69$，$P < 0.01$）。而 N∶P 比与 P 元素之间有显著负相关关系（$R^2 = 0.64$，$P < 0.01$），与 N 元素之间无显著相关性（$R^2 = 0.002$，$P = 0.59$）。这表明 C∶P 和 N∶P 比的动态变化与 P 元素显著有关，而与 C 和 N 元素显著无关（图 5-5）。

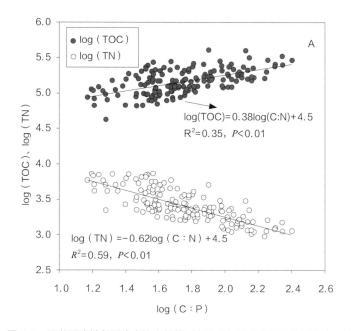

图 5-5　西苕溪流域各溪流水体中营养元素浓度与元素计量比的相关（一）

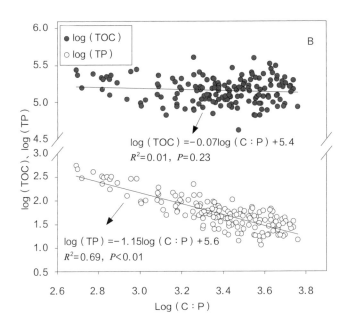

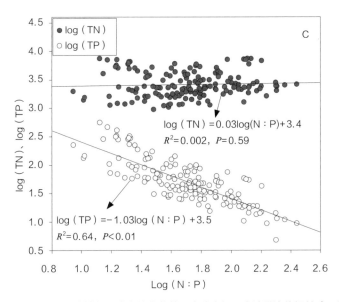

图 5-5 西苕溪流域各溪流水体中营养元素浓度与元素计量比的相关（二）

采样时间和采样地点 2 种因素对水体中营养元素比影响的双因素方差分析见表 5-5。两者分别解释水体中 C∶N、C∶P 和 N∶P 比变异的（12.91%~29.23%）和（30.06%~40.20%）。因此，西苕溪流域水体中 C∶N、C∶P 和 N∶P 的动态变异反映了溪流水体在不同季节流经的环境过程如溪流流量的季节变化和经历流域内不同采样点时的景观环境特征，如各子流域内不同景观特征结构等（Frost et al.，2009）。

表 5-5　西苕溪流域采样时间与采样点对水体中 C∶N∶P 影响的双因素方差分析

来源	df	C∶N			C∶P			N∶P		
		F	P	% var	F	P	% var	F	P	% var
模型	24	8.57	<0.01	59.32	6.24	<0.01	51.33	8.89	<0.01	61.43
日期	11	9.23	<0.01	29.23	3.42	<0.01	12.91	5.79	<0.01	18.34
地点	13	8.01	<0.01	30.06	8.61	<0.01	38.34	10.75	<0.01	40.20
误差				40.68			48.67			38.57

注：方差变异比（%var），由各处理水平的离差平方除以总的离差平方和。

三、流量对流域景观特征与溪流水体营养元素比关系的调节作用

西苕溪流域溪流水体中三种营养元素比与流域景观特征之间关系随季节更替而表现出显著差异（表 5-6）。流域中若干景观特征与秋季（10、11 月）和早夏季节（6 月）溪流水体中 C∶N 之间的相关性较强（R^2 值较高），而与晚夏（7、8 月）、冬季（10、11、12 月）和春季（3、4、5 月）水体中 C∶N 比之间的相关性较弱。冬季（1、2 月）和早春季节（4 月）溪流水体中 C∶P 与流域景观特征之间线性回归方程的拟合度更高，而夏季和秋季溪流水体中 C∶P 与流域景观特征之间线性回归方程的拟合度较低。与 C∶P 比相似，N∶P 比与流域景观特征间线性回归模型在晚秋（11 月）和冬季（12、

表 5-6　不同采样期间溪流水体 C：N、C：P 和 N：P
与流域景观特征间的相关关系

元素比	日期	流量	逐步回归模型	R^2
C：N	2011 年 7 月	34.90	log（C:N）= −0.66 水域	0.39
	2011 年 8 月	40.80	log（C:N）= −0.68 水域	0.41
	2011 年 9 月	32.90	—	
	2011 年 10 月	9.29	log（C:N）= −1.92 坡度 +1.44 森林 −0.66 水域	0.65
	2011 年 11 月	8.50	log（C:N）= −2.82 坡度 −4.48 耕地 −2.24 城镇 +8.04 森林 −0.84 裸地	0.61
	2011 年 12 月	6.80	log（C:N）= +0.88 密度 −0.79 草地	0.37
	2012 年 1 月	7.60	log（C:N）= +0.66 森林	0.39
	2012 年 2 月	10.60	log（C:N）= −0.53 草地	0.22
	2012 年 3 月	34.02	log（C:N）= −4.66 耕地 −2.32 城镇 +6.05 森林 −1.13 水域	0.56
	2012 年 4 月	6.74	—	
	2012 年 5 月	13.60	log（C:N）= +0.60 密度 −0.70 草地	0.38
	2012 年 6 月	24.40	log（C:N）= −3.61 坡度 −3.61 耕地 −2.06 城镇 +8.69 森林 −1.23 裸地	0.83
C：P	2011 年 7 月	34.90	—	
	2011 年 8 月	40.80	—	
	2011 年 9 月	32.90	log（C:P）= −6.82 耕地 −2.76 城镇 +7.75 森林 −1.13 水域	0.41
	2011 年 10 月	9.29	—	
	2011 年 11 月	8.50	—	
	2011 年 12 月	6.80	—	
	2012 年 1 月	7.60	log（C:P）= +1.61 坡度 −4.92 耕地 +0.65 草地 −1.53 城镇 +8.19 森林 −0.72 水域	0.74

元素比	日期	流量	逐步回归模型	R^2
	2012 年 2 月	10.60	log（C:P）=+1.53 坡度 +0.37 密度 -4.31 耕地 +0.67 草地 -1.00 城镇 +7.27 森林 -0.45 水域	0.87
	2012 年 3 月	34.02	—	
	2012 年 4 月	6.74	log（C:P）=+1.62 坡度 +0.74 草地 +2.36 森林	0.61
	2012 年 5 月	13.60	log（C:P）=+0.90 密度 -0.52 城镇 -0.60 裸地	0.35
	2012 年 6 月	24.40	log（C:P）=-0.46 长度 -0.63 耕地	0.42
N：P	2011 年 7 月	34.90	—	
	2011 年 8 月	40.80	log（N:P）=+0.82 草地 +0.69 森林	0.40
	2011 年 9 月	32.90	—	
	2011 年 10 月	9.29	log（N:P）=+0.51 坡度 +0.86 草地	0.57
	2011 年 11 月	8.50	log（N:P）=+2.80 坡度 +0.72 长度 -4.94 耕地 +8.60 草地 -2.83 城镇 -1.35 裸地	0.71
	2011 年 12 月	6.80	log（N:P）=+0.67 长度 +0.95 草地 -0.38 城镇 -0.66 裸地	0.78
	2012 年 1 月	7.60	log（N:P）=+2.20 坡度 +0.54 长度 -3.96 耕地 -1.41 城镇 +7.06 森林 +0.57 水域	0.82
	2012 年 2 月	10.60	log（N:P）=+0.50 草地 +0.86 森林	0.41
	2012 年 3 月	34.02	—	
	2012 年 4 月	6.74	log（N:P）=+2.77 坡度 +0.70 长度 -4.41 耕地 +1.47 草地 -2.02 城镇 +8.57 森林	0.56
	2012 年 5 月	13.60	log（N:P）=+0.87 草地 -0.56 裸地	0.39
	2012 年 6 月	24.40	log（N:P）=+0.62 草地 +0.89 森林	0.45

注：每次采样期间，经过显著性检验的标准化变量的回归系数及调整后的 R^2 判定系数列入上表中。流域流量为源自横塘村水文站每次采样期间的流量日均值（m^3/s）。逐步回归模型中"—"表示回归方程不显著。

翌年1月）拟合度较高，而在研究期间剩余其他季节（春季和夏季）则较低。

　　尽管溪流水体C∶N比与流域整体景观特征之间线性关系的强弱变化因季节更替而产生巨大差异，但这种变化规律与河流水文状况无关。溪流水体中C∶P比和N∶P比与流域整体景观特征之间线性关系的强弱变化与河流水文状况有一定联系。溪流流量高的时期，流域景观特征对溪流水体中C∶P和N∶P比动态变异的解释力比较弱。相反地，当溪流流量低时流域景观特征对溪流水体中C∶P和N∶P比动态变异的解释力较强，这与以往的认识有所不同。以往的研究表明，在河流流量低时，由于外源物质输入的减少，导致流域中陆地景观与河流影响力的减少（Cirmo et al.，1997；Eckhardt et al.，1990），同时在流量高的夏季，河流中生物活动性提高会导致河道内颗粒态物质的转化与生产量增加，而这也会减弱河流与流域上游景观特征之间的联系（Edwards et al.，2000；Minshall et al.，2000；Mulholland，1992）。以往研究集中在北温带森林覆盖率高且未受干扰的小流域，而研究对象西苕溪位于亚热带季风区，受到一定程度的干扰，河流流量较大且季节差异显著。这或许会导致以上两种类型流域中营养元素由陆地景观向河流水体输出机理不同。尽管流域景观特征与3种营养元素比之间的相关关系均有明显季节变化，但是只有含P元素的营养元素比（C∶P和N∶P）与流域景观特征之间的关系与西苕溪不断变化的水文状况有关，这或许表明流域景观特征与溪流中溶解态和颗粒态P元素的输出、迁移过程之间的联系对不断变化的水文状况表现出极大的敏感性。

　　溪流水体营养元素比与流域内不同景观特征之间的关系在不同采样时期具有差异性（表5-6）。为了进一步分析水文条件的变化能否解释这种不同采样时期两者关系的差异性，采用Frost et al.（2009）提出的方向指数法定量评价流量对C∶N∶P比与集水区每一种景观特征之间关系的调节作用。首先描述每次采样期间营养元素比（C∶N、C∶P、N∶P）与6种集水区景观变量之间的关系。对于每一次采样期间所有采样点，每一种营养元素比与集水区内某种景观变量之间的单变量线性回归模型，均可得到一个回归系数（α）。将整个采样期间所得的α集合与每次采样期间所对应的河流流量数据（每次采样期间，样点X4处的河流流量）再次进行线性回归分析，会产生另一个回归系数（β）。如果该线性方程在统计上有显著性，则β的值不为零。此时，流域流量对集水区景观特征变量与溪流水体C∶N∶P比之间的关联度（线性关系）有调控作用。其次，计算方向性指数（direction index，DI）通过计算流量最

大时的 |α| 值减去流量最小时的 |α| 值得到。当所有的 α 值均为正值时，DI＞0，表明伴随河流流量的增加，会使 α 绝对值增加，这表示流域流量会加强景观变量与营养元素比之间的联系；当所有的 α 为负值时，DI＜0，表明伴随河流流量的增加，会使 α 绝对值降低，这表示流域流量的增加会减弱景观变量与营养元素比之间的联系；当 α 既有正值又有负值，且 DI 接近零时，表明流域流量变化不影响景观变量与营养元素比之间的相关程度，但是会改变两者之间关系的方向性。如果 β 值在统计上与零无差异，则表明流量对景观变量与营养元素比间的关系无影响（Frost et al.，2009）。

图 5-6 以两次采样期间 C∶N、河流流量及景观特征中水域面积百分比三者的关系为例，以实例形式说明方向指数的具体计算过程。流域流量在调节溪流水体 C∶N∶P 比与集水区景观特征两者之间关系方面起显著作用（图 5-7）。由于 60%～85% 的 α 变异性可用于解释溪流水体 C∶N 比与 3 种显著景观特征（河流密度、流域中裸地和水域所占面积比）之间的关系，这表明流量是 α 的一个显著预测变量（解释变量）。在河流流量高的时期，水域和裸地所占面积比这两个变量在解释不同溪流水体中 C∶N 比变异性方面的作用力增加（DI＞0，图 5-8），即伴随流量的升高流域内水域和裸地所占面积比两个变量与水体中 C∶N 比之间的关系也随之增强。而逐

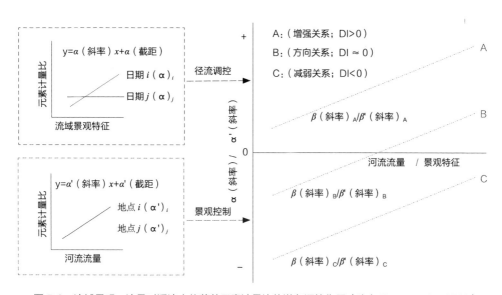

图 5-6 流域景观、流量对溪流水体营养元素计量比的潜在调控作用（改自 Frost et al.，2009）

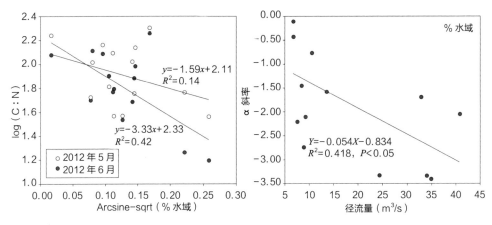

图5-7　基于两次采样期间的 α 和某一种营养元素比与景观变量间的 β 实例计算

步升高的河流流量会减弱水体中 C∶N 比与溪流密度之间的关系（DI < 0，图 5-8）。剩余的其他几种景观特征对不同溪流间 C∶N 比变异性的解释力与流量无关。溪流水体 C∶P 比 60% ~ 75% 的 α 变异性可用于解释溪流水体 C∶P 比与 3 种显著景观特征（河流长度、流域中耕地和水域所占面积比）之间的相关关系，因此流量是导致 α 变异的一个显著因素。溪流长度、耕地和水域所占面积比 3 个显著变量对不同溪流水体中 C∶P 比变异的解释力均随流量的增加而增大（DI > 0，图 5-8）。溪流水体中 N∶P 比约 70% 的 α 变异性可用于表示该元素比与流域景观变量间的关联度，因此，流量变量的变化会引起 α 值发生显著变化。增加的流域流量仅在调节 N∶P 与溪流长度、流域水域面积比之间关系时起减弱作用（DI > 0，图 5-8），而对其他变量无影响。

　　解释溪流流量对景观组分与溪流水体中营养元素比之间关系的调节作用需要考虑以下问题，即作为溪流流量功能指示剂的溪流水体悬浮和溶解态物质的源头（内源或外源）和迁移转化过程。在溪流流量高的时期，水体中 C∶N 比与裸地和水域所占面积比之间有较强的相关性，可在一定程度上解释水体中悬浮物或溶解态营养盐类型有明显的季节差异，即在不同的季节，自裸地和湖泊、水库中输出到河流中的溶解或悬浮态物质有着不同的 C∶N 比。在溪流流量大的时期，如果裸地和湖泊分布面积较多的流域中输出的大量悬浮或溶解态物质中 N 元素含量较低，则裸地和湖泊所占面积比或许能解释在此时期内水中 C∶N 为何有较大变异性。如果以上假设为真，则对于那些土地覆被类型分布差异显著的流域中的河流水体中 C∶N 比的变异性可能会被放大或减弱，而这些取

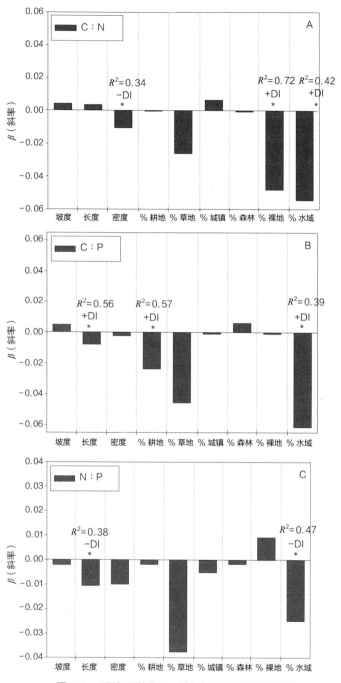

图 5-8 β 回归系数表示 α 斜率与河流流量相关关系

决于溪流流量、营养元素比的种类及其所参与的生物地球化学循环过程等。逐渐增加的溪流流量会减弱溪流密度与溪流水体 C∶N 比之间的联系，这或许表明溪流密度高的集水区内 C∶N 比在溪流水体中总体迁移过程较长，而在河流流量较高的时期，其迁移过程中更多颗粒或溶解态碳而被水生生物的吸附或吸收作用所固定。

与 C∶N 比相似，逐渐增加的溪流流量会使流域景观组分与溪流水体 C∶P 比之间的联系增强，或许也说明在河流流量高的时期，如果自耕地和水域中释放出的可溶态或颗粒态物质中碳元素较多或磷元素较少，则耕地和湖泊所占面积比或许能解释在此时期内水中 C∶P 为何有较大变异性。夏秋季节期间，正处于水稻的生长季，此时水稻吸收大量的 P 元素，这或许是水稻田在河流流量高时释放 P 元素较少的原因。同时河流长度指标也显示，伴随河流流量的升高，河流长度与水体中 C∶P 比间关系增强，这可能是由于 P 在河道内迁移过程中比 C 元素更易沉积或被水生生物吸收。与 C∶P 比指标不同，伴随河流流量的增加，水体 N∶P 比与河流长度和水域所占面积比 2 个指标间的关系减弱。这或许可以从两个方面进行解释，一方面河流流量高时湖泊、水库中释放的 P 元素高于 N；另一方面在此期间 N 和 P 在河道内迁移时 N 被水生生物固氮或反硝化作用等方式从河流水体中释放出的量要比 P 多。以上分析表明，水体中迁移和陆地输入两种条件对溪流水体中可溶态或颗粒态营养物组分影响力的相对重要性受流域水文过程（河流流量）所控制。溪流中较快的流速和较大的流量对溪流内物质输移的影响体现在降低溪流内营养元素的生物地球化学循环过程中，但是这种净降低效应却与选取的营养元素如 C、N 或 P 有关（Frost et al.，2009；Mulholland et al.，2008）。

四、流域景观特征对流量与溪流水体营养元素比关系的控制作用

在 2011 年 7 月至 2012 年 6 月期间，西苕溪流域各采样溪流水体中 C∶N∶P 与流量之间的关系存在明显的空间差异（表 5-7）。集水区 X1 和 X4 中溪流水体中的 C∶N 与流量之间有显著正相关关系，以上两个流域均受到一定程度的人为干扰，主要用地类型为农田；在集水区 X6、X9 和 X12 中溪流水体中 C∶N 与流量之间存在

表 5-7　西苕溪流域 14 条溪流中 C∶N∶P 比与流量之间的相关关系

样点	C∶N- 流量		C∶P- 流量		N∶P- 流量	
	回归系数	R^2	回归系数	R^2	回归系数	R^2
X1	0.013	0.25*	—	—	−0.013	0.25*
X2	−0.004	0.06	−0.001	0.01	0.003	0.02
X3	0.018	0.17	0.012	0.87**	0.009	0.66**
X4	0.009	0.25*	0.07	0.09	−0.004	0.11
X5	−0.046	0.01	0.139	0.35*	0.184	0.17
X6	−0.304	0.41*	−0.180	0.35*	0.128	0.14
X7	0.003	0.02	0.012	0.47*	0.012	0.53**
X8	0.050	0.08	−0.004	0.09	−0.013	0.34*
X9	−0.196	0.58**	−0.157	0.38*	—	—
X10	0.081	0.05	−0.083	0.42*	−0.178	0.38*
X11	−0.033	0.18	0.019	0.08	−0.009	0.01
X12	−0.021	0.36*	—	—	0.016	0.11
X13	—	—	−0.016	0.08	−0.031	0.13
X14	−0.595	0.15	−0.217	0.20	1.017	0.32*

注：* 在 0.05 水平下显著相关；** 在 0.01 水平下显著相关。

显著负相关关系，以上 3 个集水区内均有大面积的森林分布其中。 在 X3、X5 和 X7 集水区内溪流水体中 C∶P 与流量间为显著正相关，该类型流域内以农田和城镇人工生态系统主要景观类型；在 X6、X9 和 X10 集水区内 C∶P 与流量之间为显著负相关，该类型流域内森林用地类型所占比例最大。X1、X8、X10 的 N∶P 与流量呈负相关关系，X3、X7 和 X17 的 N∶P 与流量呈正相关关系。

河流流量是营养元素迁移的一个重要驱动力，流量的增加会使不同用地类型中营养元素的损失率提高（Green and Finlay，2011）。西苕溪流域不同集水区内水体C∶N∶P与流量间的正或负相关性取决于不同土地利用类型的营养元素（C、N、P）输出率。

溪流水体营养元素比与流域流量之间的关系在不同采样点之间有显著的空间差异性（表 5-7）。为进一步分析各集水区间不同景观组成能否解释这种不同采样点之间两者关系的差异性，采用方向指数法定量评价每种景观组分对不同集水区内 C∶N∶P 与流量之间关系的控制作用。首先，对于每一个采样点（溪流）在整个采样期间，应用单变量线性回归法分析每种营养元素比（C∶N、C∶P 和 N∶P）与溪流流量之间的相关关系，会得到一个回归系数（α'）。将所有采样点对应的 α' 集合与每种流域景观变量再次进行单变量线性回归分析，会再次得到一个回归系数（β'）。若该线性方程在统计上显著，即 β' 的值不为零，则认为流域景观特征对溪流水体营养元素比与流量之间的关系有控制作用。最后再次计算方向指数 DI。该指数通过计算景观特征最大时的 $|\alpha'|$ 值减去景观特征最小时的 $|\alpha'|$ 值得到。当所有的 α' 值均为正值时，DI＞0，表明伴随景观变量的增加，会使 $|\alpha'|$ 增加，这表示景观特征会加强营养元素比与流量之间的联系；当所有的 α' 为负值时，DI＜0，表明伴随景观变量的增加，会使 $|\alpha'|$ 降低，这表示景观特征的增加会减弱营养元素比与流量之间的联系；当 α' 既有正值又有负值，且 DI 接近零时，表明流域景观变量不影响营养元素比与流量之间的相关程度，但是会改变两者之间关系的方向性。如果 β' 值在统计上与零无差异时，表明景观变量对营养元素比与流量之间的关系无影响（图 5-6）。

图 5-9 以两个采样点 C∶N、河流流量及景观组分中城镇面积百分比三者的关系为例，举例说明方向指数的具体计算过程。景观组分在控制不同集水区内溪流水体C∶N∶P 与流量两者之间关系方面起显著作用。C∶N 约有 60% 的 α' 变异性可用于解释水体 C∶N 与河流流量之间的关系（图 5-9），表明流域景观组分——城镇所占面积百分比与可用于解释 α' 动态变化。不同集水区内城镇所占面积百分比的变化，并未改变溪流水体中 C∶N 与流量之间的相关程度（图 5-10A），但却会改变两者相关性的方向，即在不同流域内伴随城镇用地面积所占百分比逐渐增加，溪流水中C∶N 与流量之间的关系由负相关变为正相关。西苕溪流域内其他景观变量所占面积百分比的变化不影响溪流水体中 C∶N 与流量之间的关系，或者说不能用来解释

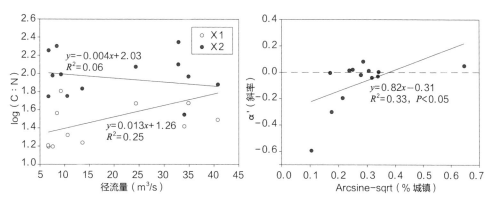

图 5-9 基于两个采样点的 α' 和某一种营养元素比与景观变量间的 β' 实例计算

两者之间关系的变化。C∶P 由于 60%～70% 的 α' 变异性可用于解释水体 C∶P 与河流流量之间的关系，表明流域景观组分是引起 α' 变异的显著解释变量（图 5-10B）。其中，坡度、耕地、森林和水域所占面积比 4 个景观变量对溪流水体中 C∶P 与流量之间的关系起改变相关性方向的作用（DI ≈ 0，图 5-10B），即随着坡度增加、森林所占面积百分比的增加，溪流水体中 C∶P 与流量之间的关系由正相关变为负相关。伴随耕地所占面积百分比和流域中水域所占面积百分比的增加，溪流水体中 C∶P 比与流量之间关系由负相关变为正相关（图 5-10B）。N∶P 所有景观变量与 α' 之间的线性回归方程均不显著，即 β' 在统计上与零无差异，表明流域内所有的景观组分均不能用来解释溪流水体中 N∶P 与流量之间的关系（图 5-10C）。

西苕溪各集水区之间不同景观类型组合的差异性在解释溪流流量与水体中 C∶N 和 C∶P 之间关系方面，主要起正负方向的调节作用。这在一定程度上证明了流域土地利用格局变化对溪流水体中营养盐动态的影响具有阈值效应（即当流域内某种用地类型所占面积百分比大于某一数值时，河流水体中 C、N 或 P 等营养盐动态会发生显著变化）的观点，这与前人的研究相一致（LAWA，2003；Katsiapi et al.，2012）。3 种营养元素比之中，只有 C∶P 与溪流流量间的关系对各集水区间不同景观组分的影响力最为敏感。这或许再次证明，流域水文状况与溪流中溶解态和颗粒态磷元素的迁移过程之间的联系对不同集水区间景观类型结构的差异性较为敏感。

2011 年 7 月至 2012 年 6 月，西苕溪流域各干支流水体中 3 种营养元素比（C∶N、C∶P、N∶P）在各个溪流之间以及所有溪流在每次采样期间均表现出显著差异。其

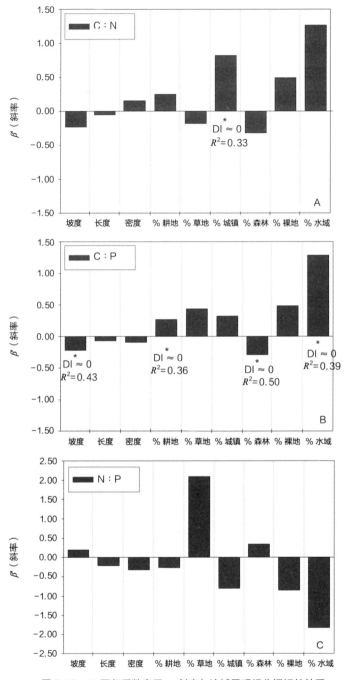

图 5-10　β' 回归系数表示 α' 斜率与流域景观组分间相关关系

中，采样日期可以解释 3 种营养元素比总体变异的 30.06%~40.20%，采样点则可以解释 3 种营养元素比总体变异的 12.91%~29.23%。 当河水自上游流经西苕溪各干支流的过程中，溪流水体中 C：N、C：P 和 N：P 3 种营养元素比之间存在弱相关关系，表明流域内的 C、N 和 P 元素经由陆地进入溪流水体的迁移过程中，彼此之间存在相对紧密的联系。 其中，C：N 在经由陆地进入溪流的过程中，其动态变化与 C 和 N 两种元素均有关系，而 C：P 和 N：P 的动态变化仅与 P 元素有关。

西苕溪流域各集水区内的景观组分对溪流水体中的 3 种营养元素比的动态变化有显著影响，而这种影响力又与控制溪流动态变化的水文机制有关。 河流流量能够显著调节（加强或减弱）流域景观特征与溪流水体中营养元素比之间的关系，而这种调节作用因流域景观组分及营养元素比种类的不同而异。 伴随河流流量的增加，流域内某些景观特征对 C：N 和 C：P 的影响力显著增加；而对 N：P 的影响力则显著降低。同样地，西苕溪流域每条溪流中营养元素比与河流流量之间有显著相关关系，而这种相关性同时又与各溪流间的不同景观类型组成的差异性有关。 西苕溪各集水区间不同景观结构对溪流水体中营养元素比与流量之间关系的影响主要体现在改变两者相关性的正负方向上，即流域景观特征对溪流水体营养元素迁移的影响具有阈值效应。

第二节　苕溪流域多尺度景观格局对水体 C、N 和 P 输出的影响

流域内多尺度景观格局对河流水体中不同形态 C、N、P 输出过程有重要影响（Ahearn et al., 2005；Allan, 2004）。地形地貌、地质及土地利用／覆被类型等因素塑造了流域内地貌形态与水文过程（Frissel et al., 1986）。而这些格局与过程间的关系又会影响到河流水体碳、氮和磷等营养元素的迁移、转化和供应过程（Hynes, 1975；Sheldon et al., 2012），并进一步影响河流生态系统的健康状况及功能。早期关于流域多尺度景观格局对河流生态系统影响的研究主要集中于较小的空间尺度上（如距河边约几百米的范围内），而很少考虑较大空间尺度单元的重要性（（Allan, 2004））。目前，有研究者分析了多尺度景观格局对河流水体营养元素输出的相对影响力，但研究结果并不一致（Buck et al., 2004；Dow et al., 2006；Sliva and Williams, 2001）。一部分学者认为流域尺度景观格局更适合于解释营养元素水平和河流生境状况（Esselman and Allan, 2010），而另一部分学者则认为河流生境与两侧河流岸带景观格局之间的相关性更显著（Sponseller et al., 2001）。同时，上述研究并未区分流域内自然地理特征及人为干扰活动在不同尺度上对河流生态过程的影响，以及这种影响随季节更替而产生的变化规律（Buck et al., 2004；Marzin et al., 2013）。本研究以苕溪流域为调查对象，获取流域内自然环境变量（河段、岸带和集水区）3 个空间尺度上的人为干扰变量、逐月河流水质数据，对不同季节内（雨季前、雨季期间和雨季后 3 个时期）不同尺度上景观变量对河流水体营养元素动态的影响力进行识别，从而掌握这些景观变量对水体中营养物的影响随季节更替而产生的变化规律。

一、茗溪多尺度格局溪流水体营养盐调查方法

在茗溪流域境内的主要干支流布设 31 个断面（图 5-11），避开工业排污口、牲畜粪便及生活垃圾堆积处等对水中营养元素直接产生强烈干扰的地带。在 2011 年 7 月至 2012 年 6 月期间内，逐月进行采样，共进行 12 次采样。水样测试指标包括：总氮、总磷、硝态氮、溶解性磷酸盐和有机碳等 9 个指标，将研究时段划分为雨季前（3 月和 4 月）、雨季中（6～8 月）和雨季后（10～11 月）3 个时期。

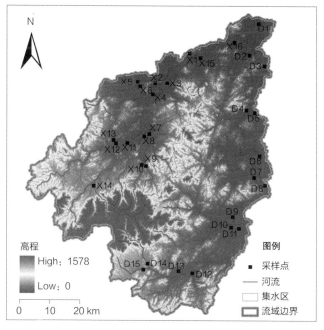

图 5-11　茗溪流域采样点分布示意

选取 6 个自然环境变量：海拔、平均坡度、河流径流量、年均降水量、集水区面积和到河流源头距离，用于表示各采样单元地理特征的空间差异性，并分析其对水中营养元素动态的潜在影响（表 5-8）。其中海拔、平均坡度、集水区面积和到河流源头距离四个变量，是由覆盖本研究区的 1∶5 万 DEM（图 5-11）及其衍生数据在 ArcGIS 9.3 中的空间分析模块和 ARCSWAT 中生成。年均降水量来自位于茗溪流域内及附近地区的 42 个水文气象站（图 5-12），采用 Kriging 插值方法得到。中下游地区的主干道河流径流由湖州市水文站提供，上游的源头溪流等可涉水溪流流量值通过便携式流速仪（SonTek/YSI-Tracker）测定。

表 5-8　研究区自然环境变量及不同尺度人为干扰统计

变量	单位	数据转换	变量统计 [a]
环境变量			
海拔（Alti）	m	log$x$	157.01（14.06～697.00）
平均坡度（Slope）	%	log$x$	25.05（3.97～56.59）
河流流量（RD）	m³/s	log$x$	5.16（0.38～80.25）
年均降水量（AP）	mm	log$x$	1526.15（1316.54～1872.21）
集水区面积（CA）	km²	log$x$	130.20（23.59～355.18）
到河流源头距离（CA）	km	log$x$	0.55（0.19～1.91）
河段尺度人为干扰			
人工堤岸（AE）	—	—	三级（0：4/1：13/2：14）
上游蓄水库（RU）	—	—	两级（0：18/1：13）
下游拦水闸（BD）	—	—	三级（0：18/1：6/1：7）
河道内货运船（ISF）	—	—	四级（0：15/1：5/2：6/3：5）
岸坡植被干扰度（RVM）	—	—	四级（0：4/1：8/2：13/3：6）
河底生境干扰度（SHM）	—	—	三级（0：3/1：17/2：11）
岸带区土地利用			
% 森林	%	√（arcsin$x$）	34.67（1.2～85.4）
% 城镇	%	√（arcsin$x$）	16.28（2.0～61.7）
% 耕地	%	√（arcsin$x$）	40.58（10.5～85.1）
% 草地	%	√（arcsin$x$）	11.00（0.0～13.8）
% 水域	%	√（arcsin$x$）	6.53（0.0～16.4）
% 裸地	%	√（arcsin$x$）	0.56（0.0～4.7）

变量	单位	数据转换	变量统计 [a]
集水区土地利用			
% 森林	%	√（arcsin$x$）	57.53（10.77 ~ 92.89）
% 城镇	%	√（arcsin$x$）	9.08（1.09 ~ 39.22）
% 耕地	%	√（arcsin$x$）	28.09（4.05 ~ 67.39）
% 草地	%	√（arcsin$x$）	0.99（0.05 ~ 5.25）
% 水域	%	√（arcsin$x$）	3.44（0.03 ~ 13.03）
% 裸地	%	√（arcsin$x$）	0.81（0.00 ~ 4.51）

注：变量统计 [a] 中，分类变量中用类别及其对应的样点数表示；定量变量中用变量的年均值及最小和最大值表示。

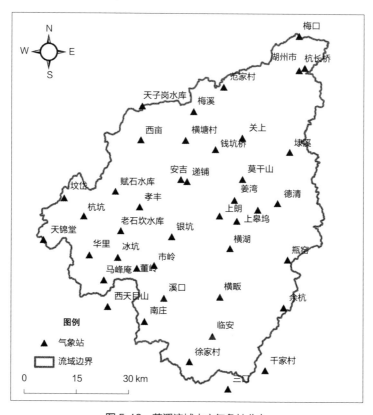

图 5-12　苕溪流域水文气象站分布

河段是指在两个限定断面之间的区域，是河流岸带研究中最小研究尺度。将河段范围限定为：距离河道两侧 30m 以内的河岸带，并沿采样点向上游延伸至 500m 的范围内。对河段样方内的岸坡和河底植被、类型、河道内交通种类、水利设施等指标进行客观记录，河段区用地类型依据 Google Earth 平台提供的高分辨率影像（Quickbird 和 SPOT 影像，影像获取日期：2003 年 7 月 4 日和 2010 年 10 月 4 日；分辨率为 0.61 m 和 5 m）进行目视判读及与野外调查相结合的方法确定。河段尺度的人为干扰指标用于综合反映河道、河底与岸坡的水文地貌特征及被干扰的程度。通过野外调查专家咨询相结合的方法，将选取的 6 个指标进行量化分级，分值越高，表示状况越差，受到的人为干扰越严重。部分指标的含义：人工堤岸是指河岸带的人工硬质化程度，类型包括自然（无硬质化）、半自然（部分硬质化）和人工（完全硬质化）3 种类型，反映近岸带土地利用强度。岸坡植被干扰度反映岸坡植被覆盖状况，依据植被覆盖度进行划分（3 级表示覆盖度 <10%、2 级表示覆盖度在 10%~45% 之间、1 级表示覆盖度在 45%~85% 之间、0 级表示覆盖度 >85%）。下游拦水闸反映河流水体在纵向空间尺度上的连通程度，并根据水闸的性质分为 3 类。河底生境干扰度反映河底植被和地貌等受破坏的严重程度，良好的河底生境能够在一定程度上减缓和阻滞水体中营养元素向下游输送。苕溪中下游的主干流均为通航河道，大型载货船的运行通过扰动底泥、改变河底生境和影响水流方向等影响水体中营养元素向下游的输送量。

　　集水区（catchment-scale）是指采样点所在溪流及其支流上游的完整汇水流域。岸带区（riparian corridor）是指距离河道两侧 1000 m 以内的河岸带，并沿采样点向上游延伸至 10000 m 的范围。河岸带通常被定义为河水－陆地交界处的两侧，直至河水影响消失为止的地带。由于河岸带的特殊空间结构和生态功能，其能够通过截留和过滤沉积物、水及营养盐来协调河流横向（河岸陆地到河流水体）和纵向（河流上游向下游）的物质和能量流动（孟伟等，2011）。根据苕溪流域的水文地貌特征，将苕溪岸带及其毗邻的外延区作为一个空间尺度（岸带尺度）来分析其对河流水体中营养元素迁移的影响。流域土地景观格局变化是大尺度人类活动（如城镇化扩张、农业开发和森林采伐等）综合作用的集中表现，并通过各种复合的机制对河流水文、水质、生物栖息地和水生生物产生影响（Baker，2005；孟伟等，2011；欧洋等，2012）。因此，流域土地利用格局可作为重要代理指标用于反映流域人类活动对河流水环境所产生的压力。

选择覆盖研究区的一景 Landsat TM 影像（行列号：119/39；日期：2010 年 5 月 24 日），影像经过校正、波段组合、裁剪等一系列处理过程，最终分为 6 类：城镇、耕地、林地、裸地、水体和草地（图 5-13）。

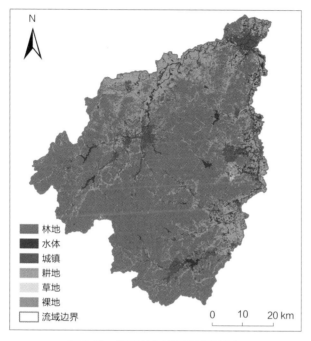

图 5-13　苕溪流域土地利用类型分布

为揭示研究区所有样点间水质指标的空间差异性，并识别潜在的营养元素高释放区及主导水质指标，对研究区 31 个样点中 9 个水质指标的年均值进行主成分分析。为分析对水体中营养元素有潜在影响的各种环境与人为因素，将选取的自然环境及 3 个尺度上的人为干扰变量之间，及其与水质指标之间进行相关分析，类型与数型变量之间采用非参数（spearman correlation）方法，数型变量之间采用参数（pearson correlation）方法。用冗余分析方法逐一分析自然环境及 3 个尺度上的人为干扰变量对研究时段内苕溪流域水环境特征空间变异性的解释力，并进一步分析不同尺度上的各个变量对雨季前、雨季中及雨季后苕溪水环境空间差异性的影响力。利用 Monte Carlo（using 499 permutation）检验 RDA 的有效性，$P < 0.05$ 时认为分析结果是显著的。

二、苕溪碳、氮、磷营养元素总体特征

2011年7月至2012年6月，苕溪总氮0.94~9.23 mg/L，均值为3.59 mg/L，是
Ⅴ类水质浓度限值（2 mg/L）的1.795倍。铵氮浓度均值为0.38 mg/L，占总氮的
10.58%，小于Ⅱ类水质标准（0.5 mg/L）。硝态氮浓度均值为2.03 mg/L，最大值
低于7.0 mg/L，占总氮的56.55%，为总氮的主要赋存形态。铵氮含量较低而硝态
氮含量高在一定程度上表明水体环境的氧化能力强（Quirós, 2003），说明苕溪流域
水体总体处于较高的氧化环境，其水体自净能力较强（彭近新和陈慧君, 1988）。总
磷均值为0.11 mg/L，介于0.01~1.36 mg/L之间，接近于Ⅱ类水质磷浓度限值
（1 mg/L）。颗粒态有机碳浓度均值为200.63 mg/L，而可溶态有机碳浓度均值仅为
2.39 mg/L，因此颗粒态有机碳为总有机碳中的主要成分。苕溪水体中碳氮磷生态
化学计量比（N∶P、C∶N和C∶P）远高于海洋生态系统中经典的德雷菲尔德比值
（redfield ratio）及太湖内水体和沉积物中相对应的C∶N∶P化学计量比值（Liu et
al., 2011；Qu et al., 2001；Redfield, 1958；Xu et al., 2010），这表明苕溪流域
水体中含有较多的碳和氮元素，而水体的磷元素则相对较少。

苕溪流域水质指标的标准差及变幅较大，表明水体中各形态碳、氮和磷浓度均
存在较大的空间差异性（表5-9）。9个水质指标的主成分分析表明，第一主成分主要
反映了DOC、TP、NH₄-N、POC、C∶P和N∶P的特征，第二主成分中NO₃-N和
C∶N两个指标的贡献量最大，并且DOC与TP，POC与C∶N，C∶P与N∶P之
间相关关系较强，说明其源头或输入水体的途径一致。样方X1、X15、D5、D7和
D10内TN多度值最大；样方X4、X5、D3和D4等的投影在原点附近，所以其中
的TN多度大致等于其平均值；样方X9、X10、X11和X13中的TN多度最小（图
5-14）。苕溪自上游向下游水环境逐渐恶化，人为景观所占比例逐渐提高，人类干扰
度逐渐增加。

表5-9　苕溪流域水质参数统计信息

水质指标	均值	标准差	最小值	最大值
总氮（TN，mg/L）	3.59	1.72	0.94	9.23
总磷（TP，mg/L）	0.11	0.14	0.00	1.36
硝态氮（NO_3-N，mg/L）	2.03	1.30	0.05	6.99
铵态氮（NH_4-N，mg/L）	0.38	0.13	0.14	0.66
可溶态有机碳（DOC，mg/L）	2.39	2.01	0.14	19.24
颗粒态有机碳（POC，mg/L）	200.63	137.53	41.42	928.45
氮磷计量比（N：P，%）	61.98	64.21	4.54	
碳氮计量比（C：N，%）	66.76	48.04	8.06	346.28
碳磷计量比（C：P，%）	2817.55	1938.10	399.19	9908.09

注：碳、氮和磷三者的化学计量比为质量浓度计量比（mg/mg），且三者分别为总有机碳、总氮和总磷的浓度（mg/L）。

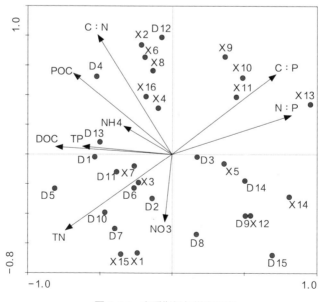

图5-14　水质指标与样方双序

三、不同尺度景观结构与水质关联分析

在集水区尺度上，林地为主要土地利用类型，所占比例平均为 60% 左右，其次为耕地和城镇，所占比例平均分别为 28% 和 8% 左右，三者所占比例形成明显梯度，差距较大（图 5-15）。在岸带尺度上，林地和耕地同样是所占比例最大的 2 种用地类型，且两者所占比例大致相等，分别为 30% 和 38%，其次为城镇，所占比例为 14% 左右。随着尺度增大，林地所占比例急剧上升；耕地和城镇的变化趋势与林地相反，随尺度增加而逐渐下降。这与苕溪流域各集水区内上游地区山地较多，且以竹林为主，靠近河岸两侧的中下游地区地势比较平坦、适宜种植水稻等作物，且分布有较多和大型的城镇等居民点的事实相符。草地和裸地在苕溪集水区和岸带区两个尺度上所占比例均较小，且较为平稳，对尺度变化不敏感，这与草地和裸地在苕溪流域内零星分布的格局相一致。

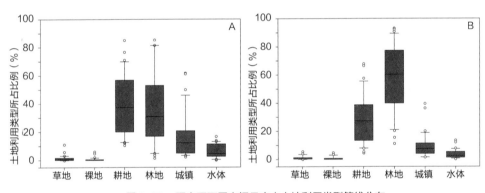

图 5-15　研究区不同空间尺度内土地利用类型箱线分布
A. 岸带缓冲区；B. 集水区尺度

环境变量中几乎所有变量均对 TN、N：P 和 C：P 3 个指标有显著的相关性，而与 TP 和 NO_3-N 和 C：N 的相关关系最弱（表 5-10）。其中，集水区面积（CA）对所有水质参数的解释力最差，仅与 TN 浓度有显著正相关关系。年均降水量（AP）与 TN、PO_4-P、DOC 和 POC 均呈负相关关系，而与 N：P 和 C：P 比两个指标呈显著正相关关系。到河流源头距离（DS）与 TN 和 DOC 浓度呈正相关关系，与 N：P 和 C：P 之间存在负相关性。河流年均流量（RD）与 TP、NO_3-N、PO_4-P 和 POC 浓

表 5-10　水质与不同尺度流域景观特征之间的关系

变量类型	TN	TP	NO$_3$	PO$_4$	DOC	POC	N：P	C：N	C：P
环境变量									
集水区面积	0.44	—	—	—	—	—	—	—	—
年均降水量	−0.64	—	—	−0.35	−0.59	−0.40	0.62	−0.33	0.62
河流源头距离	0.61	—	—	—	0.62	—	−0.59	0.32	−0.66
河流年均流量	—	0.33	0.30	0.32	—	0.32	−0.37	—	−0.44
坡度	−0.54	—	—	—	−0.66	—	0.50	—	0.65
海拔	−0.53	—	—	—	−0.60	−0.31	0.53	—	0.62
河段尺度									
AE	0.53	0.70	0.54	0.60	0.37	0.44	−0.37	—	−0.57
RU	—	—	—	—	—	—	—	—	—
BD	−0.30	—	—	—	—	—	—	—	—
ISF	0.60	0.68	—	0.37	0.54	0.48	−0.40	—	−0.69
RVM	—	0.67	0.38	0.49	—	0.38	—	—	—
SHF	0.58	0.64	0.37	0.36	0.56	0.55	—	—	−0.47
岸带尺度									
% 草地	0.61	—	—	—	0.66	0.31	−0.50	—	−0.61
% 城镇	—	—	—	0.32	0.61	—	—	—	—
% 耕地	0.32	—	—	—	—	—	−0.49	—	−0.50
% 林地	−0.45	—	—	—	−0.63	—	0.48	—	0.64
% 裸地	—	—	—	—	—	—	—	—	—
% 水域	0.85	0.31	—	0.31	0.69	—	−0.57	—	−0.64

变量类型	TN	TP	NO₃	PO₄	DOC	POC	N：P	C：N	C：P
集水区尺度									
％草地	0.51	—		—	0.63	—	—	—	−0.42
％城镇	0.59	—	—	—	0.64	0.31	−0.42	—	−0.64
％耕地	0.64	—	—	—	0.65	—	−0.60	—	−0.69
％林地	−0.62	—		—	−0.64	−0.34	0.64		0.68
％裸地	0.51	—		—	0.32	—	−0.38	—	−0.39
％水域	0.78	0.32	—		0.66	0.32	−0.60	—	−0.64

注："-"表示两者之间相关系数不显著（$P > 0.05$）。列出的数字表示统计检验显著（$P < 0.05$）。其中数值型变量与水质指标间相关系数的计算采用参数检验（Pearson）方法，序级变量与水质指标间相关系数的计算采用非参数检验（Spearman）方法，n 样本为 31。

度呈正相关，与 N：P 和 C：P 呈负相关。流域平均坡度和海拔两个变量均与 TN 和 DOC 浓度之间有负相关关系，与 N：P 和 C：P 存在正相关关系。POC 浓度与坡度无相关性，而与海拔有显著负相关关系。

河段尺度中大多数变量与 TN、TP、PO₄-P 和 POC 4 个水质参数存在显著相关性，仅有 2 个变量与 N：P 有负相关关系，所有的河段尺度变量均与 C：N 无相关性。河段尺度中各变量相比较，人工堤岸（AE）和河道内货运船（ISF）两个变量与绝大多数水质指标间存在显著相关性，它们均与 TN、TP、PO₄-P、DOC 和 POC 浓度存在显著正相关，而与 N：P 和 C：P 存在显著负相关。两者的不同点在于人工堤岸还与 NO₃-N 浓度呈正相关，而河道内货运船与 NO₃-N 浓度无相关性。上游蓄水库与下游拦水闸两个变量与各水质参数间相关性最差，前者与所有的水质指标均无相关性，而后者仅与 TN 浓度有负相关性。岸坡植被干扰度和河底生境干扰度两个变量相比，两者均与 TP、NO₃-N、PO₄-P 和 POC 浓度呈正相关关系，与 N：P 和 C：N 无相关关系；不同点在于前者与其他水质参数无相关关系而后者还与 TN 和 DOC 浓度呈正相关，与 C：P 呈负相关。

岸带尺度和集水区尺度上,多数景观变量与 TN、DOC、N：P 和 C：P 之间存在显著相关性,而与 TP、NO_3-N、PO_4-P、POC 和 C：N 之间几乎无相关性。两个尺度上只有林地所占面积比这一变量与碳、氮和磷元素污染物浓度呈负相关,而其他土地利用类型变量,则与碳、氮和磷元素污染浓度呈正相关。

为了深入分析环境变量,河段、岸带和集水区 3 个空间尺度上景观特征对于研究区水体中不同形态碳、氮和磷元素空间差异性的影响力,通过冗余分析（RDA）检验不同空间尺度内景观对水体中各种形态碳、氮和磷元素变异程度的解释能力,从而筛选对水体中营养元素具有最大影响力的空间尺度及其对应的景观变量。在进行 RDA 分析时,需要根据物种（水质）与环境（景观变量）关系累计解释量确定排序轴,选择具有最大相关性的排序轴进行排序,解释量表征景观变量对水质变异的影响程度,解释量越大反映了其对应的环境因子对水质分异影响程度越高。

在整个研究时段,苕溪流域自然环境、河段、岸带和集水区 3 个空间尺度上景观变量对流域水体中碳、氮和磷元素整体变异的解释率分别为 39%、36%、38% 和 39%（图 5-16）。各类变量对水中营养元素变异的影响力大致相当。流域环境和集水区尺度景观变量的影响最大,岸带尺度的景观变量次之,河段尺度的人为干扰变量最小。各类景观变量对水体中营养元素变异的影响力集中于前两个排序轴上。其中,河段尺度上,第一排序轴中各类景观变量能够解释水质变异的 25.8%（$P = 0.002$）,河道内货运船（ISF）和河底生境干扰度（SHM）两个变量与该轴的相关性最大,其与该轴的相关系数分别为 0.72 和 0.67；岸带尺度上,第一排序轴中景观变量能够解释水质变异的 30.21%（$P = 0.002$）,与该轴最具相关性的两个变量为水体和草地,其与该轴的相关系数分别为 − 0.97 和 − 0.84,其次为森林,相关系数为 0.73；集水区尺度上,第一排序轴能够解释水质变异的 44.39%（$P = 0.012$）,与该轴相关性最强的两个景观变量为森林和水体,相关系数分别为 − 0.75 和 0.79；在流域环境变量中,各类环境变量在第一排序轴中能够解释水质变异的 36.98%（$P = 0.012$）,其中年均降水量和到河流源头距离两个变量与第一排序轴的相关性最大,其相关系数分别为 − 0.75 和 0.73,此外,海拔和坡度两个变量也与该轴有较大相关性,两者与该轴的相关系数均为 − 0.66。

在整个研究时段上,所选的反映水体中碳、氮和磷输出特征的水质参数与土地利用类型、河段尺度人类活动干扰和流域水文地貌特征均存在显著相关性,且集水区

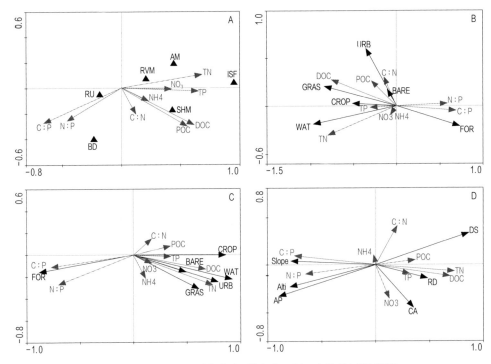

图 5-16 基于 RDA 分析的水质指标与不同尺度景观变量双标图

A. 河段尺度（reach-scale）；B. 岸带尺度（riparian-scale）；C. 集水区尺度（catchment-scale）；D. 环境变量（physiography）。图中加粗黑色射线表示所选取的定量景观变量，9 种水质指标由浅黑色细型射线表示。GRAS. 草地；FOR. 林地；CROP. 耕地；BARE. 裸地；WAT. 水域；URB. 城镇；BD. 下游拦水闸；RU. 上游蓄水库；RVM. 岸坡植被干扰度；SHM. 河底生境干扰度；ISF. 河道内货运船；AM. 人工堤岸；RD. 到河流源头距离；CA. 集水面积；DS. 河流流量；Slop. 平均坡度；AP. 年均降水量；Alti. 海拔

尺度上水文地貌特征和土地利用类型与所选水质参数间的关联度要略大于局域尺度上（岸带和河段尺度）的变量。这在一定程度上暗示，在解决局部水体水质问题时，更应该侧重于分析流域尺度上的景观变量如土地利用类型或水文地貌特征对河流水质的影响，该研究结果也同样印证了前人的相关研究（Marzin et al.，2013；Richards et al.，1996；Roth et al.，1996；Sliva and Williams，2001）。

　　Wang 等（2006）研究表明，在受人类活动干扰较少的流域中，河流水体的生态质量主要受控于局域尺度上的自然环境因子。伴随流域内和河岸带区人类活动干扰的增加，流域尺度上的变量对河流生境的影响力逐渐增加，而局域尺度变量的影响力则

逐步变小。因此，在今后分析人类活动对河流生境质量影响的研究中，应该充分考虑不同尺度压力间的交互效应。基于整个研究时段的冗余分析表明，苕溪流域内集水区尺度上的景观变量对河流水体水质变异的影响力略大于河岸带尺度所产生的影响力。这说明研究区内的景观受到一定程度的人为干扰，这与苕溪流域现状相符合。如图 5-15 所示，集水区尺度上林地为主导类型（60%），其次为耕地等人为景观占 28%。而在反映岸带尺度的河岸带区内，森林所占比例下降（30%），耕地所占比例上升（38%）。同时由于各个尺度上的解释变量对水质变异的解释率均不足 50%，说明需要筛选能更好反映研究区水质参数的变量，如河段尺度上沉积物粒径大小的分布、河流流速或水位及水生生物的完整性等；集水区或岸带尺度上某种土地利用类型与河流间物理距离或水文传输距离等（Wang et al.，2006）。

对不同尺度、不同土地利用类型与水质参数间的关联性进行分析可进一步验证流域景观格局对水体中营养元素动态的影响。流域和岸带尺度上，森林面积百分比与营养物富集（TN 和 DOC 等）间存在显著的负相关性。耕地所占面积百分比与 TN 和 DOC 呈显著正相关，城镇用地所占面积百分比与 TN、PO$_4$-P 和 DOC 也存在显著正相关。森林通常被认作营养元素的"汇"、耕地和城镇等人为景观则为营养元素的"源"，以往的大量研究结果均可验证此结果（Allan，2004；Kim et al.，2013）。不同的是，森林、耕地和城镇所占面积百分比与 TP 浓度无相关性，而与 N∶P 和 C∶P 比之间存在相关性，或许说明流域内磷元素由陆地向河流水体中迁移时与碳和氮元素迁移过程相互作用，而非单独受控于流域内不同土地利用景观类型（Frost et al.，2002）。有研究认为草地对水体中营养元素富集起净化作用，但也有学者的研究表明，草地比例的增加与水体中营养物的富集有密切关系（Ahearn et al.，2005；Xiao et al.，2007；黄金良等 2011；欧洋等 2012）。

研究区内草地对水体中营养元素富集同样具有促进作用（表 5-10）。苕溪流域内草地主要来源于弃耕地，分布于近河岸区，地势较低，坡度较大，草地内多有零散放牧的牲畜、农户散养的家禽及随处可见的在草地中休憩和觅食的鸟类，如白鹭等。因此，草地内的营养元素易随水迁移进入水体，造成水体中碳、氮和磷营养元素的富集。流域和岸带尺度上的水域所占比例的增加同样会导致碳、氮和磷元素在水体中的富集。而以往的相关研究也证明，位于上游流域中的水库和湖泊等水域所占面积比会导致水文退化、水体中颗粒态碳浓度的增加等（Frost et al.，2009；Marzin et al.，2013）。

水体作为营养元素迁移的载体，水域面积的增加，或许在一定程度上表明该区域内运输营养物潜力的增加。

四、不同季节内多尺度景观对水质的影响

为了进一步验证环境变量及不同空间尺度上景观特征对研究区水体中碳、氮和磷等不同形态营养物空间差异性的影响力是否随季节而不同，将研究时段分为雨季前（3月和4月）、雨季中（6、7、8月）和雨季后（10月和11月）三个时期，并分别应用冗余分析（RDA）检验不同时期内，不同空间尺度内景观对水中营养物变异解释能力的变化特征，从而识别在不同时间段内对水中营养元素影响最大的空间尺度及其对应的主导变量。

1. 雨季期之前

在雨季期前，苕溪流域河段、岸带和集水区3个空间尺度上景观变量对流域水体中碳、氮和磷元素整体变异的解释率分别为48%、28%、40%和39%（图5-17）。各类变量中环境变量对水中营养元素变异的影响力最大，其次为岸带尺度和集水区尺度，两者的影响力接近，而河段尺度人为干扰变量的影响力最小。在雨季来临之前，苕溪流域各类景观变量对水体中营养元素变异的影响力均集中于第一排序轴上，如河段尺度上，各类景观变量在第一排序轴上能够解释水质变异的13.83%（$P = 0.002$），河道内货运船（ISF）和河底生境干扰度（SHM）2个变量与第一排序轴的相关性最大，其与该轴的相关系数分别为0.59和0.44，其次为人工堤岸（AM），相关系数为0.41；岸带尺度上，第一排序轴中各类景观变量能够解释水质变异的27.15%（$P = 0.002$），与该轴相关性较强的3个变量为森林、水体和草地，相关系数依次为 - 0.68、0.67和0.65；集水区尺度上，第一排序轴中各类景观变量能够解释水质变异的45%（$P = 0.002$），耕地和水体两种用地类型所代表的景观变量与该排序轴的相关性最强，其与该轴的相关系数分别为0.71和0.70；自然环境变量中，各类变量对水质变异的解释率有40.76%（$P = 0.002$）反映在第一排序轴上，所有环境变量中与该轴相关性最为显著的3个变量为到河流源头距离（$r = - 0.80$）、年均降水量

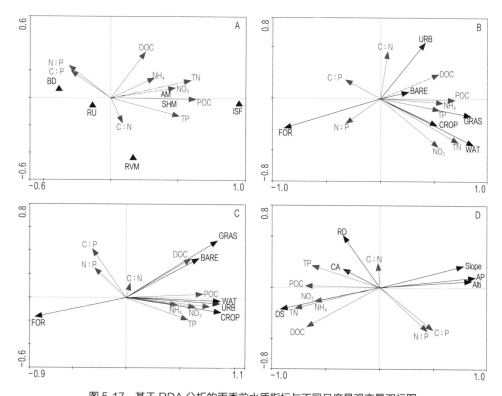

图 5-17 基于 RDA 分析的雨季前水质指标与不同尺度景观变量双标图
A. 河段尺度（reach-scale）；B. 岸带尺度（riparian-scale）；C. 集水区尺度（catchment-scale）；
D. 环境变量（physiography）。图中加粗黑色射线表示所选取的定量景观变量，9 种水质指标由浅黑
色细形射线表示

（$r = 0.78$）和海拔（$r = 0.75$）。

2. 雨季期间

在雨季期间，苕溪流域环境变量，河段、岸带和集水区 3 个空间尺度上景观变量
对流域水体中碳、氮和磷元素整体变异的解释率分别为 39%、32%、44% 和 37%（图
5-18）。各类变量中岸带尺度景观变量对水中营养元素变异的影响力最大，其次为自
然环境变量和集水区尺度，两者的影响力相当，河段尺度上变量的影响力最小。在雨
季期间，苕溪流域各类景观变量对水体中营养元素变异的影响力亦均分布于第一排序
轴上，其中河段尺度、岸带尺度、集水区尺度和自然环境 4 种类型变量在第一排序轴

上分别能够解释水质变异的20.57%、24.57%、35.45%和28.57%（$P<0.01$）。河段尺度上，河道内货运船（ISF）与第一排序轴的相关性最大（$r=0.68$），其次为河底生境干扰度（SHM）和人工堤岸（AM），两个变量其与该轴的相关系数分别为0.57和0.54；岸带尺度上，水体和草地与第一排序轴的相关性最强，其与该轴的相关系数依次为-0.84和-0.61；集水区尺度上，水体、耕地和森林3种用地类型所代表的景观变量与该排序轴存在较强相关性，其与该轴的相关系数分别为0.74、-0.69和-0.63；环境变量中，与第一排序轴相关性更为显著的两个变量为到河流源头距离（$r=-0.63$）、年均降水量（$r=0.68$）。

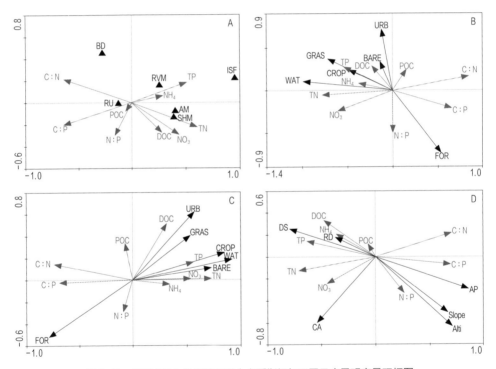

图5-18 基于RDA分析的雨季中水质指标与不同尺度景观变量双标图
注：A. 河段尺度（reach-scale）；B. 岸带尺度（riparian-scale）；C. 集水区尺度（catchment-scale）；D. 环境变量（physiography）。图中加粗黑色射线表示所选取的定量景观变量，9种水质指标由浅黑色细形射线表示

3. 雨季期之后

雨季期之后，茗溪流域河段、岸带和集水区3个空间尺度上景观变量对流域水体中碳、氮和磷元素整体变异的解释程度，其分别能解释水质变异的47%、31%、36%和43%（图5-19）。雨季过后，研究区各类变量中自然环境仍是对水中营养元素变异影响最大的变量，其次为集水区尺度、岸带尺度和河段尺度。在雨季过后，茗溪流域各类景观变量对水体中营养元素变异影响力在第一排序轴上的解释如下：河段尺度上，所有变量在第一排序轴上能够解释水质变异的19.12%（$P < 0.01$），河道内货运船（ISF）与第一排序轴的相关性最大，其与该轴的相关系数为0.64，河底生境干扰度（SHM）和人工堤岸（AM）两个变量次之，相关系数分别为0.47和0.51；岸带尺度上，第一排序轴中各景观变量能够解释水质变异的17.28%（$P < 0.01$），与该轴相关

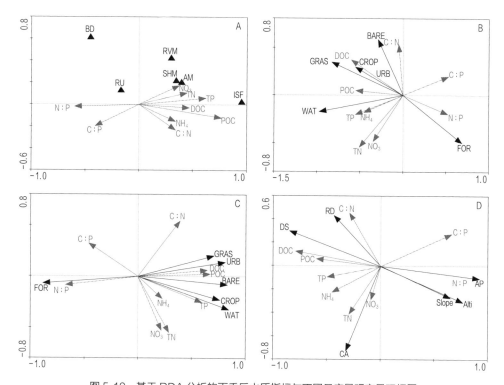

图5-19　基于RDA分析的雨季后水质指标与不同尺度景观变量双标图
A. 河段尺度（reach-scale）；B. 岸带尺度（riparian-scale）；C. 集水区尺度（catchment-scale）；D. 环境变量（physiography）。图中加粗黑色射线表示所选取的定量景观变量，9种水质指标由浅黑色细形射线表示

性最强的变量为水体（$r = -0.62$），其次为草地、森林和耕地，它们与第一排序轴的相关系数依次为 -0.53、0.44 和 0.36；集水区尺度上，第一排序轴中的景观变量能够解释水质变异的 32.8%（$P < 0.01$），所有变量均与第一排序轴表现出显著相关性，其中相关性最强且唯一的负相关变量为森林（$r = -0.63$）。其他变量如水体、裸地、城镇、耕地和草地与该轴的相关系数分别为 0.60、0.58、0.57、0.54 和 0.50；自然环境变量中，各类变量对水质变异的解释率为 30.32%（$P < 0.01$）反映在第一排序轴上，所有变量中与该轴相关性最为显著的四个变量为年均降水量（$r = 0.73$）、河流源头距离（$r = -0.67$）、海拔（$r = 0.61$）和坡度（$r = 0.52$）。

流域内不同尺度、不同景观类型对河流水体中不同形态碳、氮和磷等营养元素的影响随季节更替而发生变化（Buck et al., 2004）。与整个研究时段相比，在雨季来临前期，流域内自然环境和岸带尺度上的景观变量对河道内水质变异的影响力开始增加，而集水区尺度和河段上的变量对水质变异的解释力开始下降（图 5-20）。进入雨季期内，河段与岸带尺度上的景观变量对水质变异的影响力继续增加，而流域自然环境和集水区尺度上变量的影响力则继续下降，且在此期间，河段尺度成为影响河流水体水质变异的重要的空间尺度。伴随雨季的结束，流域自然环境及集水区尺度景观变量对水质变异的预测力再次增加，而反映局域范围内的河段与岸带尺度上的景观对水质变异的预测力再次下降。其中岸带尺度景观变量的解释力低于雨季前期，而河段尺度上变量的解释力高于雨季前期。

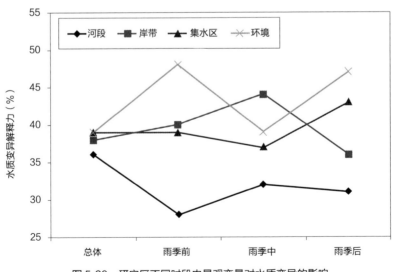

图 5-20　研究区不同时段内景观变量对水质变异的影响

岸带区内土地利用结构以耕地、森林和城镇为主，且此范围内的森林多为人工种植竹林和果园。雨季期间，持续的降雨对该区域内水土流失率影响最强，从而加强了该区域内土地利用景观与河流水体中营养物之间的联系。雨季内地表径流量及土壤侵蚀速率的提高，会使吸附有颗粒态营养元素的悬浮物大量进入水体中。对于那些有人工硬质化堤岸的河段，这种侵蚀过程会加剧，加之河道内来往货运船的扰动作用，使受严重破坏的河底生境无法及时吸收和阻滞营养物，从而导致水中营养元素富集，因此雨季期间河段尺度人为干扰变量与河流水质的关联度也会加强。因此，雨季期间，岸带与河段尺度内地表特征及其与溪流的水文连通状况决定了此范围内景观变量对溪流水质变异的影响力大于流域或集水区尺度上的自然环境与景观变量对溪流水质的影响力。

雨季前、雨季和雨季后 3 个时期相比，河段与岸带两个尺度上景观变量对水质变异影响力的变化趋势相似。雨季前和雨季后两个尺度上景观变量对水质变异的解释力较低，可能原因有：在雨季前和雨季后两个时期内地表径流量较低，植被处于生长期，对营养盐的吸收量较大，对地表径流的拦截能力也有所增加，从而导致该范围内景观变量对溪流水质变异的影响力降低。

第三节　苕溪流域 C、N 和 P 输出潜力评估

　　苕溪流域水质状况会直接影响太湖甚至整个长江三角洲地区的水环境安全。近年来随着流域内点源污染的治理，非点源污染引起的营养元素（C、N 和 P 等）富集成为导致河流本身及其下游受纳水体水质退化与水生态系统受损的主要因素（Guo，2007；Qin et al.，2007；Wang et al.，2007；李兆富等，2007）。目前模型方法因其具有模拟与预测污染物产出、输移过程及输出水平的优势已成为研究流域非点源污染物迁移的首选方法（Cherry et al.，2008；de Wit，2000；Gadegast et al.，2012；胡雪涛等，2002）。在过去的几十年里，研究者已经开发了许多模型用于分析营养元素在河流流域中的迁移、截留和流失过程（Alvarez-Cobelas et al.，2012；Behrendt et al.，1999；Dumont et al.，2005）。如基于输出系数的简单经验模型（Hetling et al.，1999）、基于 GIS 的物质平衡模型（Pieterse et al.，2003）、概念性的集总式参数模型如 MONERIS 和 MCA（Caille et al.，2012；Geneletti，2005）、统计回归模型如 SPAROW 和 ESTIMATOR（Behrendt et al.，1999）、基于物理过程的机理模型，如 SWAT 和 AGNPS 等。每个模型开发之初适用于不同的区域和研究目的，并且在复杂性、时空分辨率和数据需求方面与其他模型有所不同。因此，在选择模型时必须在综合考虑以上这些模型参数特征及数据可获得性等问题的基础上有针对性地进行选择（Caille et al.，2012；Zhang et al.，2011）。

一、流域营养物输出潜力方法

多准则分析（multicriteria analysis，MCA）是一种有效的决策支持分析工具。基于以往的相关研究（Geneletti，2005；Huang et al.，2011；Qin et al.，2008；Zhang et al.，2011；张汪寿等，2013），选取 4 种标准用于评估不同土地格局下苕溪流域由陆地向溪流输出碳、氮和磷潜力分布。选取的 4 种评判准则（指数）分别为：土地利用输出指数（E index—export capacity of land）、路径指数（F index—flow length to river network）、径流指数（R index—efficiency of runoff generation）和降水强度指数（P index—precipitation driving force）。其中，土地利用输出指数用于定量表示单位面积上某种地类输出碳、氮和磷的通量。其他 3 个指数用于表征碳、氮和磷在地表的移动特征。所有的指数值越大，碳、氮和磷的输出潜力越大。以上 4 种指数的计算需要研究区的土地利用类型、地形、水文、气候和人类活动等方面的数据资料如图 5-21 所示。

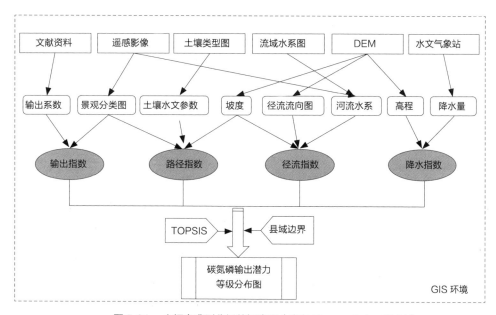

图 5-21　空间多准则分析数据流程（改自 Zhang et al.，2011）

1. 土地利用输出指数（E index）

土地利用输出指数（E index）用于定量表示在一定时间内、单位面积上流域内每种土地利用类型由陆地向地表河流网络系统等水体产出的碳、氮和磷通量，该值的大小由输出系数决定。其中，土地利用类型是决定营养盐在不同土壤类型中淋溶流失大小的主导控制因子。有关土地利用或覆被类型对碳、氮和磷输出影响的研究已经被广泛报道。通常，流域内森林和天然草原会限制营养元素由陆地向溪流水体的输出，而受人类活动影响强烈的城镇居民点及农田等土地利用类型则会加剧营养元素由陆地向河流水体的输出。输出系数恰好能准确而简洁地表达集水区内每种土地利用类型向地表水体输出碳、氮和磷等营养元素的释放速率（Johnes，1996）。采用文献查阅法来确定苕溪流域各种土地利用类型的碳、氮和磷3种营养元素的输出系数值。研究区内土地利用类型划分为6种类型：耕地、林地、草地、建设用地、水域和未利用地。结合以往的研究成果，分别确定氮和磷的输出系数值见表5-11。标准化后的总氮和总磷输出指数如图5-22（B）和（C）。

表 5-11　西苕溪流域各类土地利用类型的氮和磷输出系数

指标类型	耕地 [kg/(hm²·a)]	林地 [kg/(hm²·a)]	草地 [kg/(hm²·a)]	建设用地 [kg/(hm²·a)]	水域 [kg/(hm²·a)]	未利用地 [kg/(hm²·a)]
TN	18.72	9.15	1.76	9.78	0	14.65
TP	2.85	0.65	0.15	1.42	0	0.25

苕溪流域中总氮和总磷输出系数值分布特征为，在流域中下游地区靠近河流两岸的地区输出系数值比较高，在上游地区输出系数值总体偏低。由于苕溪流域中下游地区河流两侧集中分布有水稻田、大型城镇及乡村分散的居民点等，这些用地类型均为氮、磷的主要输出源头。因此，图5-22（B）和（C）中所显示的输出系数空间分布符合苕溪流域现状。两者相比较不同点在于，总氮输出系数分布图中，湖州、安吉、德清和临安等大型城镇的输出系数值普遍低于耕地分布区的输出系数，而与森林分布区的输出系数值相接近；而在总磷的输出系数分布图中，这些居民点的输出系数值则明显低于耕地分布区的输出系数值，而高于森林分布区的输出系数值。氮、磷输出系

数分布的这种差异性或许由苕溪流域森林类型及种植特征来解释。苕溪流域森林以竹林为主,且多为人工种植型经济林。为提高竹林产出效益,农户必然增加施肥量,由此可能导致其输氮潜力高于天然林,而与该区大型城镇输氮潜力接近。

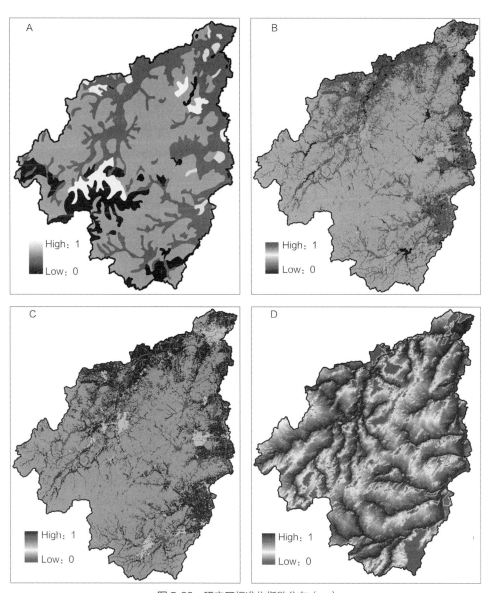

图 5-22　研究区标准化指数分布(一)

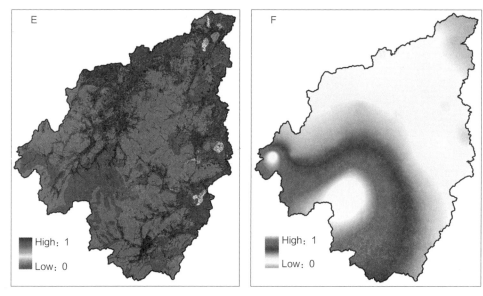

图 5-22　研究区标准化指数分布（二）

E 指数（A.TOC；B.TN；C.TP）；F 指数（D）；H 指数（E）和 P 指数（F）

使用的土壤数据来源于国家自然科学基金委员会"中国西部环境与生态科学数据中心"（http：//westdc.westgis.ac.cn）提供的 1∶100 万土壤图。苕溪流域土壤类型共分为 8 个土壤类型（表 5-12、图 5-23）。结合以往的相关研究结果（Wu et al.，2003；Yang et al.，2007；李忠等，2001；孙维侠等，2004；田玉强等，2008；王丽丽等，2009；王绍强等，2000），确定苕溪流域 8 种土壤类型中 0~5cm 层土中土壤有机碳密度值（表 5-13）。标准化后的土壤总有机碳输出指数图 5-22（A）。

如图 5-22（A）所示，苕溪流域总有机碳的输出系数空间分布特征与总氮和总磷的输出系数的空间分布不同，总体分布为中下游城镇和耕地分布区输出系数较低，而上游森林分布区输出系数值较高，只是在位于上游的粗骨土分布区内输出系数值较高，该区域坡度较陡，年均降水量较多且有分散的村落居民点，这些因素或许可以解释该区总有机碳输出系数较高的原因。由于总有机碳的输出指数以土壤类型为依据进行计算，而土壤类型的空间分辨率较低，因此总有机碳的输出指数空间分辨率总体要低于氮、磷的输出指数空间分辨率。

表 5-12　苕溪流域土壤类型统计

土类	亚类	面积（km²）	比例（%）
黄壤	黄壤	224.07	4.81%
潮土	潮土、灰潮土	57.63	1.24%
黄棕壤	黄棕壤、暗黄棕壤	20.96	0.45%
紫色土	紫色土、酸性紫色土	30.83	0.66%
粗骨土	粗骨土、中性粗骨土	168.93	3.63%
红壤	红壤、黄红壤、红壤土	2464.06	52.90%
石灰（岩）土	石灰（岩）土、棕色石灰土	209.23	4.49%
水稻土	水稻土、潴育水稻土、渗育水稻土、脱浅水稻土、淹育水稻土	1481.89	31.82%

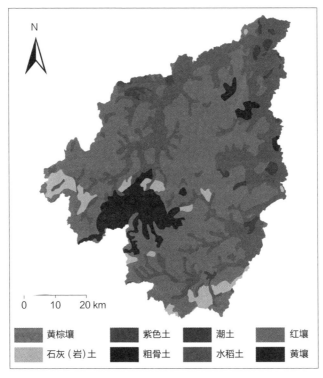

图 5-23　苕溪流域土壤类型分布图

表 5-13　苕溪流域不同土壤类型中有机碳密度参考值

土壤 类型	粗骨土 (kg C/m²)	红壤 (kg C/m²)	黄壤 (kg C/m²)	黄棕壤 (kg C/m²)	紫色土 (kg C/m²)	石灰土 (kg C/m²)	潮土 (kg C/m²)	水稻土 (kg C/m²)
TOC	1.92	2.984	4.495	4.98	2.115	4.374	2.195	3.72

2. 路径指数（F index）

路径指数（F index）反映了流域内各土地利用类型中碳、氮和磷等营养元素经由汇水路径（flow path）自每个土地利用单元到最近河流网络的水文传输距离。路径指数与水文传输距离呈负相关关系：水文传输距离越近，经由陆地进入周围河流水体中碳、氮和磷的潜在通量越大；水文传输距离越远，由于营养元素在输移过程中经由土壤下渗、降解或植物吸收等作用，其进入水体的潜在通量越小（Zhang et al.，2011；张汪寿等，2013）。

水文传输距离的计算主要依据流域数字高程模型（DEM）。DEM 数据购于国家测绘信息局管理信息中心（http：//www.sbsm.gov.cn），比例尺为 1：5 万（分辨率为 25 m）。它是由覆盖研究区的 18 幅 1：5 万地形图经过数字化生成的，所有地形图采用 6° 分带的高斯—克吕格投影，由航空摄影测量方法成图。结合湖州市水文站提供的苕溪流域水系图，首先利用 ArcSWAT 软件进行填洼（fill）、流向（flow direction）、汇流计算（flow accumulation）、水系生成、小流域划分与流域生成等一系列计算过程，再结合 ArcGIS 9.3 中空间分析模块（spatial analyst tools）中成本距离（path distance）运算得到。图 5-22（D）为标准化处理后的路径指数。路径指数空间分布特征表现为，在每个集水之间边界线附近路径指数最小，且总体呈现伴随与河道距离的缩短，路径指数逐渐增加的趋势。集水区分界线区域多为山地分布区，其到河道的距离总体偏远。

3. 径流指数（R index）

坡面径流是土壤侵蚀发生的基本动力，同时也是营养元素由陆地向河流水体中迁移的重要控制因素。以往的研究表明，受苕溪流域局部降雨格局与土壤属性特征影响，该流域地表径流为河流流量的重要输出源（李丽娇等，2008；薛丽娟，2006）。径流指数的计算主要基于流域土壤、土地利用／覆被类型和地形等因素对径流产生潜力的估算。径流值（CN）经由美国农业部水土保持局开发的地表径流量经验模型——径流曲线方程（soil conservation service，SCS）进行估算。

$$S = 25.4 \times \left(\frac{1000}{CN} - 10 \right) \tag{5-1}$$

式中，S——土壤最大蓄水能力（%）；

CN——表征土壤渗透性、土地利用和前期土壤含水量等功能的径流参数。

通常情况下土壤前期湿润度（AMC）分为 3 类：AMC I 为土壤干旱，但未达到萎蔫点；AMC II 为土壤水分平均状况；AMC III 为土壤水分呈饱和状态。其中，当土壤前期湿润度处于第二种（AMC II）条件下，不同土地利用类型下典型径流曲线（CN_2）值可通过美国国家工程手册第四章列出的 CN 值查算表进行计算（Service，1993）。其中 CN_2 仅适用于地表坡度在 5% 以内的状况，而对于在其他任何坡度下的 CN_2 值可以由公式（5-2）来求算。

$$CN_{2s} = \frac{CN_3 - CN_2}{3}[1 - \exp（-13.86\theta）] + CN_2 \tag{5-2}$$

式中，CN_{2s}——在土壤含水量（II）状态 θ 坡度下的 CN 修正值；

CN_3——在土壤含水量（III）及 5% 坡度下的 CN 值，其值可由公式（5-3）得到。

$$CN_3 = CN_2 \exp [0.00673（100 - CN_2）] \tag{5-3}$$

径流指数的计算过程如下，首先根据土壤类型及其对应的土壤质地，将研究区土壤分为 4 类（表 5-14），然后结合土地利用类型数据通过查阅 CN 值表（Service，1993），获得研究区不同土地利用和土壤类型下，坡度在 5% 以内的 CN 值。对于研究区内坡度大于 5%，不同土地利用和土壤类型下的 CN 值，通过公式（5-2）和公式（5-3）进行求算。研究区内不同土壤类型所对应的土壤质地，通过中国科学院南京土壤所提供的中国土壤数据库（http：//www.soil.csdb.cn/page/index.vpage）查询得到。标准化后的径流指数值图 5-22（E）。

表 5-14 SCS水文土壤组定义指标

土壤类型	最小下渗率（mm/h）	土壤质地
A	≥7.26	砂土、壤质砂土、砂质壤土
B	3.81~7.26	壤土、粉砂壤土
C	1.27~3.81	砂黏壤土
D	0.00~1.27	黏壤土、粉砂黏壤土、砂黏土、粉砂黏土、黏土

苕溪流域径流指数空间分布特征为，沿河两岸平原区径流量指数值较高，而位于上游的山地地区径流系数值总体较低，其分布与碳、氮、磷等土地利用输出指数分布相似。采用的输出系数值和径流指数均用来反映流域碳、氮和磷的输出能力，且计算过程中使用了同样的土地利用类型和土壤类型数据，但是两者中存在的冗余信息较少。在径流指数的计算过程中，具有同一土地利用类型的区域，其径流指数值未必一致，因为径流指数的计算过程中会根据该区域的土壤类型进行再次划分，从而提高了其整体分类精度。因此，径流指数的空间分布比土地利用输出指数的空间分布要分散的多。

4. 降水强度指数（P index）

降水强度指数用来表征气候要素对碳、氮和磷输出通量的影响，它取决于整个流域的年均降水量空间分布差异。在所有气象要素中，降水是影响碳、氮和磷在陆地 0~5cm 层和水体中迁移的重要因素（Liang et al.，2008；Tomer et al.，2003；Wu et al.，2003）。以往对碳、氮和磷输出潜力研究表明，强降雨事件会促使颗粒态或可溶态碳、氮和磷等营养物以地表径流为载体经由陆地进入临近的河流水体中（Alvarez-Cobelas et al.，2012；Johnes，1996）。研究区的降水空间分布特征是利用湖州市水文站提供的分布于研究内或研究区周边的 42 个水文气象站（图 5-12）提供 2007~2011 年年均降水数据，通过克里金插值的方式得到如下公式：

$$Z(s_0) = \sum_{i=1}^{n} \lambda_i Z_1(s_i) + \sum_{j=1}^{n} \lambda_i Z_2(s_j) \tag{5-4}$$

式中，s_0——气象站；

    Z——s_0处的降水量（mm）；

    Z_1——距离s_i最近的降水观测值（mm）；

    Z_2——距离s_j最近的高程值（m）；

    λ_i和λ_j——s_0分别到s_i和s_j的距离权重。

苕溪流域地形差异明显，上游为剥蚀低山丘陵区、山势相对峻峭；中下游为剥蚀—堆积丘陵平原，海拔高程 0~1578 m，降水量空间分布受地形影响明显，降水量等值线与山脉走向和地形等高线走向基本一致，并自东北向西南随地势升高而增加（湖州水水文局，2004）。为此，在利用克里金插值估算研究区年均降水空间分布时，充分考虑地形效应，并将高程作为第二协变量，参与降水空间分布插值分析。标准化后的降雨强度指数图 5-22（F）。苕溪流域降水强度指数的空间分布特征与该区域多年平均降水量分布一致，总体沿西南高东北低的地势，由西南向东北递减。

5. 多准则分析

多准则分析的基础是构造一个决策矩阵，决策矩阵由参与评价和决策的一系列候选决策方案和评价准则组成（Geneletti，2004；Geneletti，2005；Malczewski，2006）。以往的研究表明，TOPSIS（technique for order performance by similarity to ideal solution，逼近于最理想的计算）方法是基于 GIS 进行空间多准则分析（MCA）时最常用和精确度较高的方法之一（Olson，2004），并且它可以克服层次分析和权重求和等方法的缺点（Malczewski，2006；Qin et al.，2008）。TOPSIS 法假定决策矩阵中所有属性均表现为单调增加或减少，用待评价对象与正、负理想目标之间的欧式距离大小作为分析的依据，从而得出该评价对象与最优方案的相对接近程度，以此对评价对象进行优劣的评价（Deng et al.，2000）。依据 TOPSIS 方法分析研究区碳、氮、磷的释放潜力。详细计算过程如下：

首先，构建标准化的决策矩阵 R_{ij}，通过计算每个决策矩阵与其权重系数的乘积得到标准化后的加权决策矩阵 W_{ij}，即为（$R_{ij} \times \omega_j$）。

$$r_{ij} = \frac{x_{ij}}{\sqrt{\sum_{i=1}^{m} x_{ij}^2}} \tag{5-5}$$

式中，x_{ij}——第 i 个评价单元中的第 j 个标准。

其次，依据公式（5-6）与公式（5-7）确定最优方案（H_j）和最差方案（D_j）（Malczewski，2006），最优方案表示营养盐释放可能性最大，最差方案表示营养盐释放可能性最小。

$$H_j = \max w_{ij} \tag{5-6}$$

$$D_j = \min w_{ij} \tag{5-7}$$

$$D_i^+ = \sqrt{\sum_{j=1}^{n} (w_{ij} - H_j)^2} \tag{5-8}$$

$$D_i^- = \sqrt{\sum_{j=1}^{n} (w_{ij} - D_j)^2} \tag{5-9}$$

$$p_i = \frac{D_i^-}{D_i^- + D_i^+} \tag{5-10}$$

D_i^+ 值越大，表明第 i 个评价单元与最优方案（最大释放可能性）越远，其释放营养盐潜力越小，反之亦然。D_i^- 值越大，表明第 i 个评价单元与最差方案（最小释放可能性）越远，其释放营养盐潜力越大，反之亦然。最后通过公式（5-10）评估研究区每个备选单元中释放碳、氮、磷营养盐的潜在可能性，P_i 值越大，表明第 i 个备选单元向附近河流水体中释放碳、氮、磷的潜力越大。

为应用 TOPSIS 方法估算每个栅格单元输出碳、氮、磷营养的潜在可能性，尚需确定每种指数所对应的权重系数。权重系数用来衡量准则的相对重要性，权重越大，就表示该项准则对决策的重要性越大。权重系数的确定方法有很多，如排队法、成对比较法、层次分析、专家打分、模糊隶属度函数等。应用基本专家经验的成对比较法来确定每个指数所对应的权重系数。该方法首先需要建立成对比较的比例矩阵。采用 1～5 的相对值表示准则间相对重要性，1 表示两者同等重要，5 表示极其重要。权重矩阵计算过程，如表 5-15。

采用一致性比率 CR（consistency ratio）检验权重系数的可信性，采用敏感性检验分析权重指标对最终结果的影响程度。如果 CR 值 < 0.1，则认为在两两比较中的一致性在可以接受的范围内，权重系数可信，若 CR 值 ≥ 0.1，则认为在判断过程中有误，权重系数具有不一致性。检验结果 CR 为零，表明权重系数确定合理。敏感性检验即选择权重值大的指数，通过改变权重系数值（如改变 10%），分析对最终结果的影响。检验结果表明，权重系数改变 10% 以后，研究区各区域间碳氮磷输出潜力排序结果变幅在 10% 以内，满足检验要求。

在应用 TOPSIS 方法时，计算所得的土地利用指数、路径指数、径流指数和降水

表 5-15　决策指数的权重系数计算过程

项目	比例矩阵				准化的比例矩阵				权重值	
	E	F	R	P	E	F	R	P	Σ	权重
E	1	3	2	3	0.46	0.33	0.50	0.47	1.77	0.44
F	1/3	1	1/2	1/3	0.15	0.11	0.13	0.05	0.44	0.11
R	1/2	2	1	2	0.23	0.22	0.25	0.32	1.02	0.25
P	1/3	3	1/2	1	0.15	0.33	0.13	0.16	0.77	0.19
Σ	2.17	9.00	4.00	6.33	1.00	1.00	1.00	1.00	1.77	1.00

注：E 为土地利用输出指数；F 为路径指数；R 为径流指数；P 为降水强度指数。

强度指数 4 种空间准则数据均转化为分辨率为 25m 的栅格数据图层。4 个指数分别代表一种决策方案，其中的每个栅格单元 i 对应于该决策方案中的每个备选单元。标准化后的指数构成决策矩阵（R_{ij}）。标准化后的指数与其对应权重系数的乘积得到标准化后的加权决策矩阵（W_{ij}）。所有的空间分析和多准则分析过程均在 ArcGIS 9.3 软件包中的 Spatial Analyst、Geostatistical Analyst、3D Analyst 和 ARCSWAT 中完成。

二、C、N、P 释放潜力空间分布特征

基于县域尺度的苕溪流域总氮、总磷和总有机碳释放潜力评价结果如图 5-24 所示。碳、氮、磷释放潜力的空间分布具有以下特点：

总氮的释放潜力空间分布整体表现为，总氮释放潜力最小的区域为苕溪流域水域分布区，如位于该流域上游地区的水库、湖泊及位于中下游地区的主干道河流分布区。释放潜力较低的区域分布在距离河道较远，受人类活动影响较小，流域中上游的竹林分布区（图 5-24）。释放潜力较高的区域集中分布于流域内几个大型城镇居民点如湖州市、安吉县、德清县和临安市等建设用地集中分布区。而总氮输出潜力最大的区域

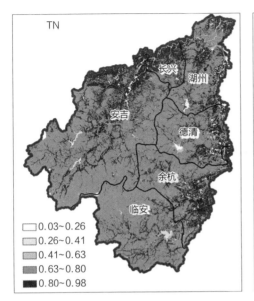

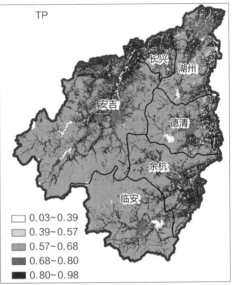

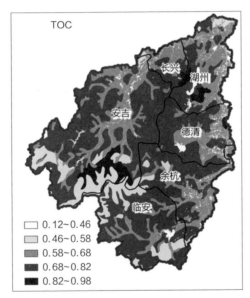

图 5-24　基于县域尺度的总氮、总磷和总有机碳输出潜力分布

为人为干扰强烈，距河道两侧较近的中下游地区，这些区域主要分布有水稻田和分散的农村居民点等。

总磷的释放潜力空间分布特征大致上与总氮的释放潜力分布一致（图5-24）。释放潜力由低到高的分布区域分别为：上游的湖泊、水库及中下游的河流主干道等水域地区、上游竹林分布区、大型城镇居民点等建筑用地分布区、河道两侧的耕地分布区。两者分布的不同之处在于，大型城镇等建设用地释放总氮潜力比森林释放潜力略高且两者释放潜力的差异性较小；而在总磷的释放潜力分布图中，两者释放差异明显，大型城镇等建设用地分布区的总磷释放潜力明显高于森林分布区的总磷释放潜力。

基于苕溪流域不同土壤类型下表层有机碳密度估算的苕溪流域有机碳释放潜力空间分布所示（图5-24），除了位于苕溪流域的安吉与临安邻接处的森林分布区有机碳释放潜力很低之外，位于该流域内其他受人为干扰程度较低的森林分布区整体表现为有机碳释放潜力较大，而流域中下游沿河两侧近岸区域内的城镇、农村居民点及水稻田等人为干扰程度较大的用地类型，整体表现为有机碳释放潜力较低。位于流域上游地区的湖泊和水库及中下游地区的河流主干道等水域地区，为苕溪流域有机碳输出潜力最小的区域。

基于苕溪流域内6个县（市）统计得出的氮、磷及有机碳释放潜力统计特征如表5-16所示。6个县（市）均具有较高的氮、磷和有机碳释放潜力，3种营养物的释放潜力均在0.6以上。其中总氮的释放潜力均大于0.72，总磷的释放潜力均大于0.65，

表5-16　苕溪流域6县（市）氮、磷、碳释放潜力均值

等级	TN	TP	TOC
湖州	0.727	0.672	0.636
长兴	0.781	0.740	0.651
安吉	0.764	0.685	0.695
临安	0.765	0.673	0.7001
余杭	0.763	0.696	0.682
德清	0.725	0.654	0.662

有机碳释放潜力大于 0.63。苕溪流域 6 个县市的总氮释放潜力由高到低分别为：长兴＞临安＞安吉＞余杭＞湖州＞德清；总磷的释放潜力值由高到低分别为：长兴＞余杭＞安吉＞临安＞湖州＞德清。有机碳释放潜力由高到低分别为：临安＞安吉＞余杭＞德清＞长兴＞湖州。

三、多准则分析模型校验

由于各个子流域出口的水质特征受流域内各种自然地貌及土地利用类型与格局等的综合影响，此数据作为参考对多准则分析结果进行检验。其中总氮、总磷和总有机碳浓度值为各个采样点的年均值，反映研究区各个溪流的年度营养物输出特征。碳、氮、磷的输出潜力值是以流域为统计单元得出的各子流域内 3 种营养元素的输出潜力均值。

苕溪流域总有机碳、总氮和总磷的释放潜力与其所对应的流域出口河流地表水中营养物浓度之间均存在显著正相关关系（TOC：$R^2 = 0.54$，$P < 0.01$；TN：$R^2 = 0.45$，$P < 0.01$；TP：$R^2 = 0.34$，$P < 0.01$，图 5-25）。选用的多准则空间分析方法可以用来对河流流域碳、氮磷、营养盐释放潜力进行评估。

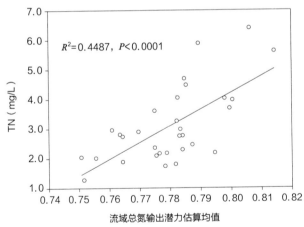

图 5-25　苕溪流域总氮、磷有机碳浓度与其释放潜力均值之间的关系（一）

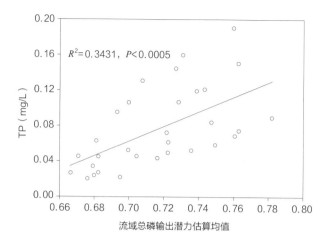

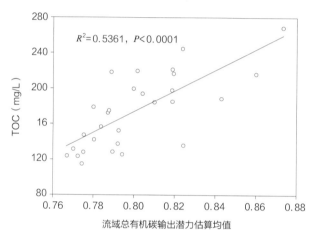

图 5-25　苕溪流域总氮、磷有机碳浓度与其释放潜力均值之间的关系（二）

四、碳、氮、磷释放风险等级划定与分区

苕溪流域碳、氮、磷释放风险分为五级（表 5-17），Ⅰ 级表示释放潜力最小，Ⅴ 级表示释放潜力最大。释放风险等级划入 Ⅳ 和 Ⅴ 级的地区为流域内碳氮磷营养盐重点释放源区，需要重点治理和保护。苕溪流域总氮、总磷和总有机碳释放风险划入 Ⅳ 和 Ⅴ 级的地区分别占流域总面积的 48.49%、31.14% 和 21.54%。苕溪流域总氮和总磷释放风险最高的地区主要位于苕溪中下游河流两侧近岸区的农田、居民点等用地类型区（图 5-26）。

表 5-17　苕溪流域氮、磷和碳总释放风险分类等级标准

等级	TN	面积 (km²)	占比 (%)	TP	面积 (km²)	占比 (%)	TOC	面积 (km²)	占比 (%)
I	[0.03, 0.35)	147.5	3.17	[0.03, 0.40)	144.9	3.12	[0.12, 0.45)	134.3	2.89
II	[0.35, 0.55)	31.0	0.67	[0.40, 0.60)	754.8	16.24	[0.45, 0.65)	1684.9	36.24
III	[0.55, 0.75)	2354.2	50.67	[0.60, 0.70)	2300.6	49.50	[0.65, 0.75)	1828.8	39.34
IV	[0.75, 0.85)	1115.7	24.01	[0.70, 0.80)	335.6	7.22	[0.75, 0.85)	884.6	19.03
V	[0.85, 0.98]	998.2	24.48	[0.80, 0.98]	1111.5	23.92	[0.85, 0.98]	116.6	2.51

注：（%）为各分区面积与流域总面积的百分比。

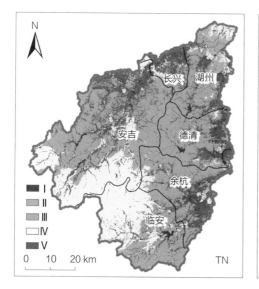

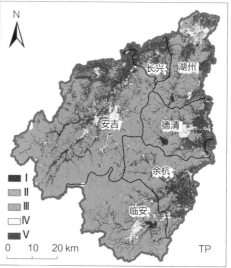

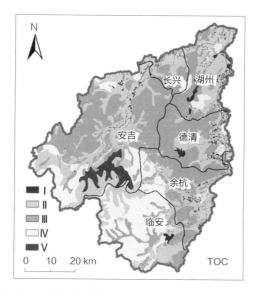

图 5-26　基于县域尺度的总氮、总磷和总有机碳输出风险等级分布

Ⅰ.没有释放风险；Ⅱ.释放风险弱；Ⅲ.释放风险中等；Ⅳ.释放风险较强；Ⅴ.释放风险最强

两者的不同之处在于，在苕溪流域上游安吉与临安市相邻处的森林分布区总氮的释放风险也很高，同时该区也是总有机碳释放风险较高的地区。

苕溪流域河道两侧多分布有耕地与城镇居民点，这些人为景观均为水体营养盐的潜在源头，但是我们却缺少这些人工系统内营养元素输入与输出的详细数据。本书也未对各种农业耕作措施进行分类，如耕地类型、化肥使用、灌溉措施等。此外，也没有对来自流域内养殖农场和城镇、农村居民点的污水排放等信息进行有效评估。如果能够将以下信息纳入模型的参数之中，如区分土壤与 0～5 cm 层枯落物中的 C、N 和 P 含量、径流过程中发生的侧渗、流入土壤深层和进入地下含水层部分的碳、氮、磷、高时空分辨率的气象数据，如土温、风速、蒸散、降水等，或许最终的评估结果将有助于人们更好地理解营养盐释放与水质、水生态系统状况之间的关系。由于受数据限制性的影响，本研究所得的碳、氮、磷输出风险等级图以县为单位，但其内部仍存在较大的空间异质性，如若以乡镇为统计单位，风险空间差异会减少，或许更利于管理进行采取相关保护措施。

基于空间多准则分析的苕溪流域总氮、总磷和总有机碳释放潜力空间分布有如下特征：①总氮释放潜力空间分布整体表现为苕溪流域水域分布区最低。距离河道较远受人类活动干扰影响较小的上游竹林分布区总氮释放潜力较低。流域内几个大型城镇居民点如湖州市、安吉县、德清县和临安市等建设用地集中分布区内总氮释放潜力较高。距河道两侧较近的中下游地区的水稻田和分散的农村居民点分布区内总氮释放潜力最高。②总磷的释放潜力空间分布特征大致上与总氮的释放潜力分布一致。释放潜力由低到高的分布区域分别为：上游的湖泊、水库及中下游的河流主干道等水域地区、上游竹林分布区、大型城镇居民点等建筑用地分布区、河道两侧的耕地分布区。两者分布的不同之处在于，大型城镇等建设用地释放总氮潜力比森林释放潜力略高且两者释放潜力的差异性较小；而在总磷的释放潜力分布图中，两者释放差异明显，大型城镇等建设用地分布区的总磷释放潜力明显高于森林分布区的总磷释放潜力。③总有机碳的释放潜力空间分布特征为，除了位于苕溪流域的安吉与临安邻接处的森林分布区有机碳释放潜力很低之外，位于该流域内其他受人为干扰程度较低的森林分布区整体表现为有机碳释放潜力较大，而流域中下游沿河两侧近岸区域内的城镇、农村居民点及水稻田等人为干扰程度较大的用地类型，整体表现为有机碳释放潜力较低。位于流域上游地区的湖泊和水库及中下游地区的河流主干道等水域地区，为苕溪流域有机碳输出潜力最小的区域。④基于苕溪流域内6个县（市）统计得出的氮、磷及有机碳释放潜力统计结果表明，该区域内所有县市均具有较高的氮、磷和有机碳释放潜力，3种营养物的释放潜力均在0.6以上。总氮释放潜力最高的两个县为长兴和临安，最低的两个县为湖州市区和德清。总磷的释放潜力最高的两个县为长兴和余杭，最低的两个县为湖州市区和德清。总有机碳释放潜力最高的两个县为临安和安吉，最低的两个县为长兴和湖州。3种营养盐释放潜力因县域不同而存在明显差异。

第 六 章

太湖流域湿地生态系统服务功能价值评价

崔丽娟 摄

第一节　湖沼湿地生态系统服务功能构成

　　生态系统服务是研究生态系统与人类福祉关系的重要手段。环境效益及人类对自然的依赖性并不是一个新概念，生态系统服务的新颖性在于整合生态学、经济学、社会学、管理学等学科知识，阐释生态系统对人类福祉的直接或间接贡献，揭示受益者对生态系统服务的支付意愿，为生态系统管理提供依据。生态系统服务为阐释生态系统和人类福祉关系提供了全面而整体的评估框架，因此决策者和公众可以明晰生态系统服务与社会经济产品和服务的权衡关系。

　　千年生态系统评估将生态系统服务定义为：人类从生态系统中所获得的效益，并将生态系统服务划分为供给服务、调节服务、文化服务和支持服务，被科学家和管理决策部门广泛认可，然而千年生态系统评估停留在概念的水平，缺乏在管理决策中的实际应用。为了更好地将生态系统服务概念纳入到管理决策中，在千年生态系统评估的基础上，学者将生态系统服务进一步定义为"生态系统对人类福祉和效益的直接或间接贡献"。

　　湖沼湿地是与人类关系密切的重要湿地类型，湖沼湿地为人类提供了不同类型的生态系统服务，使它们成为对社会有价值的系统。湖沼湿地生态系统服务是指湖沼湿地生态系统对人类福祉效益的直接或间接贡献，可从两个方面理解：①湖沼湿地生态系统服务必须是从湖沼湿地生态系统中获得，是一种生态现象；②并非所有的湖沼湿地生态系统服务都必须被直接利用。

　　湖沼湿地不仅为人类提供了食物、淡水、燃料、木材及基因物质等产品服务，气候调节、空气质量改善、洪水调蓄和水质净化等调节服务，休闲娱乐、科研教育、生物多样性保护等文化服务。同时，湖沼湿地还提供了营养物质循环、水循环、土壤有机质形成、初级生产等支持服务。供给服务和文化服务通常是直接影响人类福祉的最终服务。调节服务既可以是中间服务，又可以是最终服务，取决于生态系统服务的受益者。例如：水质净化服务对于维持人类基本生活的饮用水是中间服务。洪水调蓄和风暴防护因直接影响人类的福祉而成为最终服务。而支持服务与其他3种服务的区别在于，它对人类的福祉贡献是通过其他3种服务间接表达的。根据千年生态系统服务评估的分类体系，将湿地生态系统服务分为供给服务、调节服务、文化服务和支持服务（图6-1）。

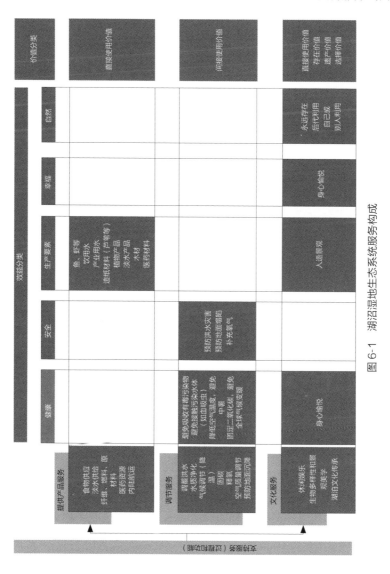

图6-1 湖沼湿地生态系统服务构成

一、湖沼湿地生态系统主导功能筛选

生态系统服务功能的形成依赖于一定的空间和时间尺度上的生态系统结构与过程，只有在特定的时空尺度上才能表现其显著的主导作用和效果。不同尺度的生态系统服务功能对不同行政尺度上的利益相关方具有不同的重要性（表6-1）。生态系统产品提供功能往往与当地居民的利益更密切；调节功能和支持功能通常与区域、全国，甚至全球尺度的人类利益相关；文化功能则与本地和全球尺度上的利益相关方关系密切。由于不同尺度的生态系统服务功能有时互相冲突，从而可能导致不同的生态系统管理策略。

表 6-1　湿地生态系统服务功能的尺度

湿地生态系统服务功能	服务功能的提供者	空间尺度
产品	湿地物种	局域—全球
气候调节	湿地植物	局域—全球
土壤形成与肥力	枯枝落叶层和无脊椎动物、土壤微生物、固氮植物	局域

湿地生态系统服务功能	服务功能的提供者	空间尺度
水质净化	湿地动植物、微生物	局域一区域
防洪抗旱	植被	局域一区域
授粉	昆虫、鸟类等	局域
美学、文化	所有生物	局域一全球

我们构建了基于供给、调节和文化三类最终服务的湖沼湿地生态系统服务功能评价指标体系。在国内外学者研究的基础上，结合我国湖沼湿地的实际情况，根据科学、全面、操作性强的原则，采用文献收集及专家咨询法对湖沼湿地主导服务功能进行筛选，并设置湖沼湿地生态系统服务功能价值评估指标体系（表6-2）。

表6-2 典型湖沼湿地生态系统服务功能价值核算指标体系

	服务（A）	指标	湖泊	沼泽
供给服务（A1）	食物（A11）	食用动物（鱼、虾、蟹等）	✓	
		食用植物（藕等）	✓	✓
		谷物		✓
	原材料（A12）	经济作物（饲料、造纸）	✓	✓
		泥炭		✓
		珍珠	✓	
		中草药	✓	
		砂	✓	

服务（A）		指标	湖泊	沼泽
供给服务 （A1）	航运（A13）	运载量	✓	
		运载路线长	✓	
	淡水供给（A14）	生活用水	✓	✓
		工业用水	✓	✓
		灌溉用水	✓	✓
	电力供给（A15）	发电量	✓	
调节服务 （A2）	防洪蓄水（A21）	土壤含水量	✓	✓
		地表储水量	✓	✓
	水质净化（A22）	污染物降解	✓	✓
	气候调节（A23）	降温	✓	✓
		增湿	✓	✓
	固碳（A24）	固碳总量	✓	✓
	大气组分调节（A25）	甲烷释放量	✓	✓
		氧气释放量	✓	✓
文化服务 （A3）	科教（A31）	科研	✓	✓
		教学实习	✓	✓
		出版物	✓	✓
		影视娱乐	✓	✓
	休闲旅游（A32）	旅行费用	✓	✓
		旅行时间	✓	✓
		消费者剩余	✓	✓

二、湖沼湿地生态系统功能价值核算方法

根据典型湖沼湿地生态系统服务功能价值评价指标体系，以及指标内涵的解释，湿地生态服务功能总价值（W）公式如下：

$$W = A + B = \sum_{i=1} (A_i + B_i) = \sum_{i=1, j=1} (A_{ij} + B_{ij}) \tag{6-1}$$

式中，W——湿地生态服务功能总价值；

A——供给、调节和文化价值；

B——支持价值。

1. 食物生产价值（A_{11}）

湿地提供食物的功能价值可以直接采用市价价值法进行核算，公式如下：

$$A_{11} = \sum Q_i \times P_i \tag{6-2}$$

式中，A_{11}——湿地食物生产价值（元）；

Q_i——各种湿地食物的产量（t）；

P_i——相应食物的市场单位价格（元/t）。

2. 原材料生产价值（A_{12}）

湿地提供原材料的功能价值可以直接采用市价价值法进行核算，公式如下：

$$A_{12} = \sum T_i \times J_i \tag{6-3}$$

式中，A_{12}——湿地原材料生产价值（元）；

T_i——各种湿地原材料的产量（kg）；

J_i——相应原材料的市场单位价格（元/kg）。

3. 内陆航运功能价值（A_{13}）

湿地提供内陆航运的功能价值可以直接采用市价价值法进行核算，主要包括货运和客运两大类，公式如下：

$$A_{13} = L \times E \times P \tag{6-4}$$

式中，A_{13}——湿地内陆航运的功能价值（元）；

L——湿地水域运输线路总长（m）；

E——完成的运输量（t）；

P——运输单位价格 [元／（m·t）]。

4. 电力供给（A_{14}）

湿地提供电力的功能价值可以直接采用市价值法进行核算，公式如下：

$$A_{14} = G \times P \qquad (6\text{-}5)$$

式中，A_{14}——湿地水力发电的功能价值（元）；

G——湿地年发电量（度）；

P——电的单位价格（元／度）。

5. 供给淡水价值（A_{15}）

湿地供给淡水的功能价值可以直接采用市价值法进行核算，公式如下：

$$A_{15} = C_1 \times Y_1 + C_2 \times Y_2 + C_3 \times Y_3 \qquad (6\text{-}6)$$

式中，A_{15}——湿地供给淡水的功能价值（元）；

C_1——湿地提供的生活用水量（m^3）；

Y_1——相应生活用水的单位价格（元／m^3）；

C_2——湿地提供的工业生产用水量（m^3）；

Y_2——相应工业生产用水的单位价格（元／m^3）；

C_3——湿地提供的农业生产用水量（m^3）；

Y_3——相应农业生产用水的单位价格（元／m^3）。

6. 蓄积水资源功能价值（A_{21}）

蓄积水资源功能价值采用替代法进行核算，公式如下：

$$A_{21} = X \times Z \qquad (6\text{-}7)$$

式中，A_{21}——湿地蓄积水资源功能价值（元）；

X——湿地存储水资源总量（m^3）；

Z——修建水库单位造价成本（元／m^3）。

7. 调蓄洪水功能价值（A_{22}）

调蓄洪水功能价值采用替代法进行核算，湖泊湿地主要采用年内水位最大变幅来估算湖泊调蓄洪水能力，而沼泽湿地主要是为土壤蓄水和地表滞水两部分进行核算调蓄洪水能力，公式如下：

$$A_{22} = V \times K \quad \text{或} \quad A_{22}' = O \times K + S \times H \times K \tag{6-8}$$

式中，A_{22}——湖泊湿地调蓄洪水功能价值（元）；

$\qquad A_{22}'$——沼泽湿地调蓄洪水功能价值（元）；

$\qquad V$——湖泊湿地水量变幅总量（m^3）；

$\qquad K$——类比区域水库蓄水单位成本（元/m^3）；

$\qquad O$——沼泽湿地泥炭土壤调蓄水总量（m^3）；

$\qquad S$——沼泽湿地面积（m^2）；

$\qquad H$——洪水期平均淹没深度（m）。

8. 调节气候功能价值（A_{23}）

湿地可以通过水面蒸发来调节温度和增加空气湿度。采用替代价值法计算调节气候价值，公式如下：

$$A_{23} = \Delta T \times P_1 + \Delta M \times P_2 \tag{6-9}$$

式中，A_{23}——调节气候功能价值（元）；

$\qquad \Delta T$——湿地降温幅度（℃）；

$\qquad \Delta M$——湿地增湿幅度（RH，相对湿度）；

$\qquad P_1$——采用空调或风扇降温 1℃ 需要的费用（元/Δ℃）；

$\qquad P_2$——采用加湿器增湿 1 RH 需要的费用（元/ΔRH）。

9. 净化水质功能价值（A_{24}）

湿地水质的功能主要在于净化水质，其功能价值可采用替代花费法来评估，公式如下：

$$A_{24} = Q \times L \tag{6-10}$$

式中，A_{24}——净化水质的价值（元）；

$\qquad Q$——湿地每年接纳周边地区的污水量（m^3）；

L——单位体积污水处理成本（元 $/m^3$）。

10. 大气组分调节功能价值（A_{25}）

湿地植物进行光合作用，吸收 CO_2，释放 O_2。负面作用就是释放 CH_4。根据光合作用方程式，生态系统每生产 1.00g 植物干物质能固定 1.63g CO_2，释放 1.20g O_2。采用碳税法和直接市场价值法进行大气组分调节价值，公式如下：

$$A_{25} = P_1 \sum_{i=1} 1.63 N_i \times S_i + P_2 \sum_{i=1} 1.20 N_i \times S_i - P_3 \sum_{i=1} F_i \times S_i \times T_i$$

$$(6\text{-}11)$$

式中，A_{25}——湿地调节大气组分功能价值（元）；

N_i——湿地中第 i 种水生植物单位干物质量（kg）；

S_i——湿地中第 i 种水生植物面积（m^2）；

F_i——湿地中第 i 种水生植物 CH_4 排放的平均通量 $[mg/(m^2 \cdot h)]$；

T_i——湿地中第 i 种水生植物 CH_4 排放的时间（h）；

P_1——CO_2 的单位价格（元）；

P_2——O_2 的单位价格（元）；

P_3——CH_4 的单位价格（元）。

11. 科研教育功能价值（A_{31}）

湿地生态系统的科研教育价值主要包括：相关的基础科学研究、应用开发研究、教学实习、文化宣传等价值，公式如下：

$$A_{31} = Y_1 + Y_2 + Y_3 + Y_4 \quad 或 \quad A_{31} = U \times S \qquad (6\text{-}12)$$

式中，A_{31}——湿地科研教育功能价值（元）；

Y_1——每年投入的科研费用价值（元）；

Y_2——教学实习价值（元）；

Y_3——图书出版物价值（元）；

Y_4——影视宣传价值（元）；

U——单位湿地面积产生的科研教育价值（元）；

S——湿地面积（m^2）。

12. 休闲娱乐功能价值（A_{32}）

湿地资源的自然风光及文化底蕴给人类带来了美感享受，同时还给人类提供了各式各样的娱乐方式。本研究采用旅行费用法进行湿地休闲娱乐功能价值核算，公式如下：

$$A_{32} = M_1 + M_2 + M_3 \qquad (6\text{-}13)$$

式中，A_{32}——湿地休闲娱乐功能价值（元）；

M_1——旅游费用支出（元）；

M_2——旅行时间价值（元）；

M_3——其他花费（元）。

第三节   太湖流域湿地生态系统主要功能分析

近几十年太湖所在的长江流域的湿地景观发生较大变化，湿地的生态服务功能也有所改变，用价值评价的方法明确表达湿地生态系统功能，能使人们在意识到湿地资源的价值和意义的同时还能够明确湿地生态功能变化的影响，对湿地保护与修复提供指导和帮助。经验研究表明湿地生态功能主要体现在产品提供、防洪减灾、大气调节、保护生物多样性和社会文化载体等方面。根据太湖流域生态特征以及在区域生态中的地位，确定太湖主要生态服务功能包括提供栖息地、供给水资源、供给食物和原材料、防洪蓄水、涵养水源、水质净化、水土保持、气候调节、科研宣教以及生态旅游等（表6-3）。在确定了太湖流域典型区湿地生态系统主导功能的基础上，对主导功能的作用机理进行了深入研究，深层次地剖析了主导功能在湿地生态过程中所起到的作用。

表 6-3   太湖流域典型湿地生态服务主要功能

服务功能	内涵	主要生态功能	产品
支持功能	支撑湿地生态系统供给、调节和文化功能的基础	①栖息地	栖息地、湿地水鸟
供给功能	人类从湿地生态系统获取的各种产品	①水资源 ②食物 ③材料	渔业生产、植物生产、供给水源等

服务功能	内涵	主要生态功能	产品
调节功能	从湿地生态系统过程的调节作用当中获取的各种效益	①防洪蓄水 ②涵养水源 ③水质净化 ④水土保持 ⑤气候调节	调节气候、净化水质、防洪蓄水、水土保持等
文化功能	人类通过精神满足、认知发展、思考、消遣和美学体验从湿地生态系统中获得的非物质效益	①科研宣教 ②生态旅游	旅游休闲、科普宣教等

　　结合历年遥感影像以及野外实测数据，利用地理信息技术对太湖流域典型湿地类型及其功能进行了辨识，建立了湿地功能评价的指标体系（表6-4），分析了太湖流域典型区湿地的社会经济价值和生态服务价值，为太湖流域湿地的保护与管理提供了依据。

表6-4　太湖生态系统服务价值评价指标体系及方法

类别	服务指标	评价参数	评估方法
最终服务	物质生产	芦苇	市场价值法
		鱼类、虾类	
	供水	供水量	市场价值法
	航运	航线货运	市场价值法
	水力发电	供电量	市场价值法
	调蓄洪水	湖泊调蓄水量	替代成本法

类别	服务指标	评价参数	评估方法
最终服务	水质净化	N 去除量	替代成本法
		P 去除量	
	气候调节	增湿	影子价格法
		降温	
	固碳	植被固碳	可避免成本法
	大气调节	氧气释放	市场价值法
		CH_4 排放	可避免成本法
	土壤保持	保肥	影子价格法
		减少泥沙淤积	替代成本法
		旅行费用	旅行费用法
	休闲娱乐	旅行时间	旅行费用法
		消费者剩余	影子价格法
中间服务	净初级生产力	NPP	影子价格法
	地下水补给	地下水补给量	影子价格法
	涵养水源	平均径流量	替代成本法
	生物多样性维持	生物多样性维持	支付意愿法

太湖流域典型区湿地功能评价指标
体系及其价值核算

一、栖息地

太湖流域典型湿地分布区可供生物栖息的湿地面积为 $1.31 \times 10^4 \, \text{hm}^2$，提供栖息地价值按 Costanza 等（1997）对沼泽湿地生物多样性保育价值的估计标准 $439\$/ \, (\text{hm}^2 \cdot \text{a})$（2013 年，1 美元兑换 6.11 元人民币），估算得出太湖湿地为生物提供栖息地的多样性保育价值为 0.35×10^8 元/a。

二、水资源

根据当地水资源量和引江水量合计得到太湖可供水资源量为 157.9 亿 m^3。参考太湖周边的工业、农业、生活供水价格，最终得到综合水费支付意愿为 3.00 元/m^3，太湖地区供水的边际成本约为 2.40 元/m^3，进而得到水资源价值为 0.60 元/m^3，乘以可供水资源量即为太湖供水功能价值 94.74×10^8 元。

三、物质产品

物质生产功能价值采用市场价值法进行评估，太湖湿地芦苇、香蒲、莲、水域土地利用方式产生的的产品及价值如表 6-5 所示，不同利用方式土地的单位面积产量采用文献报道数据，按照 50% 的择伐利用强度，计算得到太湖湿地的产品提供能力，按照市场价值折算产品提供价值为 21.27×10^8 元/a。

表 6-5 太湖湿地产品提供功能及价值

物质产品	产量（$\times 10^8$kg）	价格（元/kg）	价值（$\times 10^8$元）
芦苇	0.35	0.5	0.18
香蒲、莲、荇菜等	14.06	1.5	21.09
鱼类	3.10	20	62.00
虾类	0.03	30	0.90
总计	14.41	—	84.17

四、防洪蓄水

太湖地处华东平原区，地面平坦，湖泊水交换周期为 300 天，能调蓄水量估计在 88.00×10^8 m³。湿地调蓄洪水价值用单位库容法计算，每立方米的库容成本按 0.67 元计算，太湖湿地防洪蓄水量功能价值为 58.96×10^8 元/a。

五、涵养水源

湖泊、河流和坑塘等具有较强的水源涵养功能。太湖湿地全流域多年平均地表径流为 377 mm，流域面积为 36895 km²，其中受太湖直接影响较大的区域面积为 3091 km²。

采用影子工程法估算出太湖湿地涵养水源价值为 1.95×10^8 元。

六、水质净化

湿地动植物具有清除污染物的能力，同时湿地土壤对污染物具有吸附、解吸、氧化还原作用。湿地的降解污染价值采用公式（6-10）进行核算，计算结果为太湖湿地水质净化价值为 32.03×10^8 元 $/a$。

七、水土保持

太湖湿地水土保持功能可以从减少土壤侵蚀和保持土壤肥力方面来进行评价，湿地水土保持功能的价值用土地废弃的机会价值来代替。根据中国土壤侵蚀的研究成果，湿地减少土壤侵蚀的总量估算一般采用无植被土地的中等侵蚀强度（侵蚀深度的平均值 25 mm/a）来代替。减少侵蚀总量 = 土壤侵蚀的差异量 × 湿地总面积 = $25 \text{ mm/a} \times 24.45 \times 10^4 \text{ hm}^2 = 0.61 \times 10^8 \text{ m}^3/\text{a}$；减少土地废弃面积用减少土壤的侵蚀量和一般的土壤耕作层的厚度来推算：废弃土地面积 = 减少土壤侵蚀总量 / 土壤表土的平均厚度 = $0.61 \times 10^8 \text{ m}^3 / 0.3 \text{ m} = 2.04 \times 10^8 \text{ m}^2$；年减少土地废弃的价值 = 相当的土地废弃面积 × 湿地的平均效益 = 0.61×10^8 元 $/a$。

八、气候调节

主要指湿地植被固定 CO_2、释放 O_2 的生态服务功能，根据光合作用方程式（$6CO_2 + 12H_2O \rightarrow C_6H_{12}O_6 + 6O_2 + 6H_2O$），植物通过光合作用固定二氧化碳释放氧气，每生产 1.00 g 干物质能固定 $1.63 \text{ g } CO_2$ 并释放出 $1.2 \text{ g } O_2$。太湖植被固定二氧化碳和释放氧气的量及价值如表 6-6 所示。

表6-6 太湖保护区植被固定二氧化碳和释放氧气的量及价值

植被类型	群体生物量 ($\times 10^5$ t)	固定CO_2量 ($\times 10^5$ t)	折合纯碳量 ($\times 10^5$ t)	固碳价值 ($\times 10^8$ 元)	释氧量 ($\times 10^5$ t)	释氧价值 ($\times 10^8$ 元)
芦苇	0.35	0.57	0.15	0.14	0.42	0.17
其他湿地植物	14.06	22.92	6.05	5.54	16.87	6.75
合计	14.41	23.49	6.20	5.68	17.29	6.92

目前，国际上通用的碳税率通常为瑞典的碳税率150美元/t（2013年，1美元兑换6.11元人民币），依照此标准得出太湖湿地固定CO_2的功能价值为5.68×10^8元/a；湿地释放O_2功能价值采用工业制氧成本法估算，我国工业制氧成本为0.4元/kg，太湖湿地释放O_2的功能价值为6.92×10^8元/a。

湿地中的乔木、灌木和草本植物通过对阳光的反射、吸收和散射等，能够明显地调节气和土壤温度，同时提高环境湿度。有研究表明湿地比周围的城区土温平均低2.0~3.0℃。湿地降温效益公式：

$$V_j = S_f \times h \times T \times d \div A \tag{6-14}$$

式中，V_j——湿地降温效益（元/a）；

S_f——湿地面积（m^2）；

A——空调单位控制范围（100m^2/P）；

h——空调每匹每小时耗电量（kW）；

T——夏季开空调时间（h）；

d——单位电价（元/kW）。

太湖温度调节价值 = （244500 hm² × 10000 × 1.0 元/m³ × 1 kW × 24 h × 0.50 元）/100 m² = 2.93×10^8 元

湿地中的水体可以增加空气中的湿度，有研究表明湿地比周围的城区湿度平均高10%~20%，湿地增湿效益公式：

$$V_{j1} = S_{f1} \times h \times T \times d / A \tag{6-15}$$

式中，V_{j1}——湿地增湿效益（元/a）；

S_{f1}——湿地面积（m^2）；

A——单位控制范围（200 m^2/kW）；

h——加湿器每千瓦每小时耗电量（kW）；

T——加湿器运行时间（h）；

d——单位电价（元/kW）。

太湖增湿调节价值 = (244500 hm^2 × 10000 × 1.0 元/m^3 × 1 kW × 24 h × 0.50 元)/200 m^2 = 1.47 × 10^8 元

太湖湿地降温增湿调节的价值合计为 4.40 × 10^8 元。

根据固碳释氧以及降温增湿核算结果表明，太湖大气调节价值合计为 17.00 × 10^8 元。

九、科研宣教

太湖湿地具有重要的湖泊湿地教学与科研价值，为科研单位提供了良好的科研平台。本研究采取公式（6-12）作为计算太湖湿地科研价值的方法，得到太湖湿地科研教育价值为 0.98 × 10^8 元。

十、生态旅游

湿地生态系统既包括沼泽型动植物生态系统，又包括水陆型动植物生态系统，具有水域、陆地、沼泽、滩涂等多种生境，形成了结构和功能奇异的动植物群落，具有巨大的旅游价值。根据中国 2013 年国家级风景名胜区统计数据，太湖景区资金收入包括国家拨款、经营收入，总计为 30.00 × 10^8 元，景区资金支出合计为 20.00 × 10^8 元。由此估算出太湖湿地旅游休闲价值为 50.00 × 10^8 元。

第五节 太湖流域典型区湿地服务价值评价分析

　　根据有关研究对湿地价值的划分原则，以及 Costanza 对湿地生态功能划分的提供产品、防洪减灾、调节作用、保护生物多样性和社会文化载体 5 大分类，本研究讨论的是生态服务功能中对生态环境影响较大的供给水资源、防洪蓄水、净化污染物、提供产品、气候调节、提供栖息地等功能，目的是为了说明太湖湿地对生态维护和环境调节之间的关系。根据以上评价结果，得出 2013 年太湖湿地生态系统服务功能的总价值为 277.89×10^8 元 /a（表 6-7），各服务功能的价值大小排序如表 6-7 所示。本研究主要针对太湖湿地本身的价值评价，并且没有考虑流域尺度，也扣除了太湖湿地范围内分布的林地价值，且也没有核算鸟类本身价值、土壤形成价值等，因此，总价值只反映了太湖湿地主要生态服务价值，用以说明太湖典型湖泊型湿地在整个流域中的生态地位和作用。

表 6-7　太湖湿地自然保护区生态系统主要生态服务功能

价值类型	2013 年服务功能价值（× 10^8 元）	占总价值的百分比（%）
水资源	94.74	34.09
防洪蓄水	58.96	21.22
生态旅游	50.00	17.99

价值类型	2013 年服务功能价值（×10^8 元）	占总价值的百分比（%）
净化污染物价值	32.03	11.53
物质产品提供价值	21.27	7.65
释放氧气价值	6.92	2.49
固定碳素价值	5.68	2.04
降温增湿价值	4.40	1.58
涵养水源	1.95	0.70
科普宣教	0.98	0.35
水土保持价值	0.61	0.22
栖息地提供价值	0.35	0.13
总计	277.89	100.00

　　根据表 6-7 太湖生态系统服务功能及价值排序，可以看出：太湖各类生态系统服务中以水资源、防洪蓄水、生态旅游、净化污染物价值、物质产品提供以及调剂气候（包括降温增湿和固碳释氧）价值所占比重较大（合计约 98.59%），达到 252.73×10^8 元/a，而科普宣教、水土保持和栖息地提供价值较小。总体来说，面向湿地调节功能，发挥湿地生态效应的太湖湿地主导功能是供给水资源、防洪蓄水、净化污染物价值、调节气候和物质产品提供等。

　　太湖各类生态系统服务中以水资源、防洪蓄水、生态旅游、净化污染物价值、物质产品提供以及调剂气候（包括降温增湿和固碳释氧）价值所占比重较大，达到 252.73×10^8 元/a（合计约 98.59%），而科普宣教、水土保持和栖息地提供价值较小。总体来说面向湿地调节功能，发挥湿地生态效应的太湖湿地主导功能是供给水资源、防洪蓄水、净化污染物价值、调节气候和物质产品提供等。

　　太湖湿地生态系统在调蓄洪水、供水功能及气候调节等方面发挥着重要作用，是太湖湿地的核心服务功能。由此可见，太湖湿地在对长江洪峰的调蓄、改善区域环境质量等方面具有十分重要的作用，从另一方面亦说明太湖湿地是典型的过水性洪涝型湖泊湿地，这进一步证实了太湖是长三角地区重要的供水水源地，具有重要的供水功能。

这些服务功能大部分是潜在的、无形的，但对整个太湖地区的生态环境及社会发展贡献巨大。总体来看，太湖湿地生态系统的生态旅游价值也占有重要地位，这说明湿地发挥显著直接经济效益的同时，还发挥着巨大的生态效益和社会效益。这与人们传统观念认为生态系统的价值仅为物质生产功能是截然不同的。由于湿地生态系统是一个脆弱、动态、复杂的系统，系统内各要素之间存在着复杂的相关性，如果只重视物质生产的功能价值，势必会影响整个生态系统服务价值的发挥，造成生态系统功能价值的损失，产生一系列不良后果。因此，在开发利用湖区湿地资源时，应充分考虑太湖湿地生态系统的基本特征，以生态系统各项功能价值得到充分的持续发挥为原则，注重湿地生态环境的保护，在各项服务价值平衡发展的基础上，重点加强对核心服务功能的保护，制定符合湖区湿地生态系统特点的开发方案，从而实现湖区湿地资源的可持续利用。

参 考 文 献

▲▲▲▲▲▲▲▲▲▲▲

崔广柏，陈星，余钟波 . 2009. 太湖流域富营养化控制机理研究 [M]. 中国水利水电出版社 .

崔丽娟，李伟，赵欣胜，等 . 2013. 采砂迹地型湿地恢复过程中植被优势种群生态位研究 [J]. 生态科学，32（1）：73-77.

崔丽娟，李伟，赵欣胜，等 . 2011. 湿地岸坡功能及其恢复研究 [J]. 世界林业研究，24（3）：16-21.

崔丽娟，宋洪涛，赵欣胜 . 2011. 湿地生物链与湿地恢复研究 [J]. 世界林业研究，（3）：6-10.

崔丽娟，张曼胤，李伟，等 . 2011. 湿地基质恢复进展 [J]. 世界林业研究，24（3）：11-15.

崔丽娟，赵欣胜，李伟，等 . 2011. 湿地地形恢复研究概述 [J]. 世界林业研究，24（3）：15-19.

代丹，张远，韩雪娇，等 . 2015. 太湖流域污水排放对湖水天然水化学的影响 [J]. 环境科学学报，35（10）：3121-3130.

戴曦，陈非洲 . 2012. 太湖群体微囊藻对同形溞（*Daphnia similis*）生长和繁殖影响的模拟 [J]. 湖泊科学，24（1）：149-155.

邓道贵，金显文，葛茜，等 . 2012. 淮北采煤塌陷区小型湖泊轮虫群落结构的季节变化 [J]. 湖泊科学，24（1）：111-116.

范成新，张路，秦伯强，等 . 2003. 风浪作用下太湖悬浮态颗粒物中磷的动态释放估算

[J]. 中国科学：D 辑，33（8）：760-768.

傅必谦，陈卫，董晓晖，等 . 2002. 北京松山四种大型土壤动物群落组成和结构 [J]. 生态学报，22（2）：215-223.

傅必谦，陈卫，高武，等 . 1997. 百花山山杨桦木林土壤动物群落及其季节动态 [J]. 动物学杂志，32（2）：1-15.

高超，张桃林 . 2000. 太湖地区农田土壤磷素动态及流失风险分析 [J]. 生态与农村环境学报，16（4）：24-27.

戈锋 . 2010. 基于 RS 和 GIS 技术的太湖湖滨带生态环境脆弱性评价 [D]. 内蒙古师范大学 .

葛宝明，孔军苗，程宏毅，等 . 2005. 不同利用方式土地秋季大型土壤动物群落结构 [J]. 动物学研究，26（3）：272-278.

葛斌杰，杨永川，李宏庆 . 2010. 天童山森林土壤种子库的时空格局 [J]. 生物多样性，18（5）：489-496.

韩立亮，王勇，王广力，等 . 2007. 洞庭湖湿地与农田土壤动物多样性研究 [J]. 生物多样性，15（2）：199-206.

何俊，谷孝鸿，王小林，等 . 2012. 太湖鱼类放流增殖的有效数量和合理结构 [J]. 湖泊科学，24（1）：104-110.

胡雪涛，陈吉宁，张天柱 . 2002. 非点源污染模型研究 [J]. 环境科学，23：124-128.

湖州市水文局 . 2008. http://xxgk.huzhou.gov.cn.

黄金良，李青生，洪华生，等 . 2011. 九龙江流域土地利用 / 景观格局 - 水质的初步关联分析 [J]. 环境科学，32（1）：64-72.

黄旭，文维全，张健，等 . 2010. 川西高山典型自然植被土壤动物多样性 [J]. 应用生态学报，21（1）：181-190.

孔繁翔，胡维平，谷孝鸿，等 . 2007. 太湖梅梁湾 2007 年蓝藻水华形成及取水口污水团成因分析与应急措施建议 [J]. 湖泊科学，19（4）：357-358.

李春雁，崔毅 . 2002. 生物操纵法对养殖水体富营养化防治的探讨 [J]. 海洋水产研究，23（1）：71-74.

李吉玫，徐海量 . 2009. 塔里木河下游土壤种子库分布格局及其与环境因子的关系 [J]. 水土保持通报，（3）：88-93.

李丽娇，张奇 . 2008. 一个地表—地下径流耦合模型在西苕溪流域的应用 [J]. 水土保持学报，22：56-61.

李敏，成杭新，李括 . 2018. 中国淡水湖泊沉积物地球化学背景与环境质量基准建立的思考 [J]. 地学前缘，25（4）：276-284.

李守淳，刘文治，刘晖，等 . 2011. 蚌湖湖滨带的土壤种子库特征 [J]. 植物科学学报，29（2）：164-170.

李伟，崔丽娟，王小文，等 . 2013. 太湖岸带湿地土壤动物群落结构与土壤理化性质的关系 [J]. 林业科学，49（7）：106-113.

李伟，崔丽娟，张守攻 . 2012. 太湖岸带芦苇沼泽地上植被与土壤种子库的物种组成特征 [J]. 湿地科学，10（4）：439-444.

李伟，崔丽娟，张守攻 . 2012. 太湖岸带湿地不同植被覆被条件下土壤种子库的时空异质性 [J]. 林业科学，48（12）：10-15.

李伟，崔丽娟，赵欣胜，等 . 2015. 太湖岸带湿地土壤动物群落结构与多样性 [J]. 生态学报，35（4）：944-955.

李兆富，杨桂山，李恒鹏 . 2009. 基于改进输出系数模型的流域营养盐输出估算 [J]. 环境科学，668-672.

李兆富，杨桂山，李恒鹏 . 2007. 西苕溪流域不同土地利用类型营养盐输出系数估算 [J]. 水土保持学报，21（1）：1-4.

李忠，孙波，林心雄 . 2001. 我国东部土壤有机碳的密度及转化的控制因素 [J]. 地理科学，21：301-307.

廖崇惠，李健雄，杨悦屏，等 . 2002. 海南尖峰岭热带林土壤动物群落——群落的组成及其特征 [J]. 生态学报，22（11）：1866-1872.

廖崇惠，张振才 . 2003. 海南尖峰岭热带林土壤动物群落群落结构的季节变化及其气候因素 [J]. 生态学报，23（1）：139-147.

刘恩峰，薛滨，羊向东，等 . 200. 基于 ^{210}Pb 与 ^{137}Cs 分布的近代沉积物定年方法——以巢湖、太白湖为例 [J]. 海洋地质与第四纪地质，（6）：89-94.

刘贵华，肖葳，陈漱飞，等 . 2007. 土壤种子库在长江中下游湿地恢复与生物多样性保护中的作用 [J]. 自然科学进展，17（6）：741-747.

刘红，袁兴中 . 1999. 泰山土壤动物群的生态分布 [J]. 生态学杂志，（2）：13-16.

路娜，尹洪斌，邓建才，等 . 2010. 巢湖流域春季浮游植物群落结构特征及其与环境因子的关系 [J]. 湖泊科学，22（6）：950-956.

孟伟，张远，渠晓东．2011.河流生态调查技术方法 [M].北京：科学出版社．

宓莹，黄昌春，杨浩，等．2014.太湖梅梁湾地区人类活动对湖泊沉积环境的影响 [J].亚热带资源与环境学报，4：26-35.

聂泽宇，梁新强，邢波，等．2012.基于氮磷比解析太湖苕溪水体营养现状及应对策略 [J].生态学报，32（1）：48-55.

欧洋，王晓燕，耿润哲．2012.密云水库上游流域不同尺度景观特征对水质的影响 [J].环境科学学报，32（5）：1219-1226.

彭虹，郭生练．2002.汉江下游河段水质生态模型及数值模拟 [J].长江流域资源与环境，11（4）：363-369.

彭近新，陈慧君．1988.水质富营养化与防治 [M].中国环境科学出版社．

彭佩钦，张文菊，童成立，等．2005.洞庭湖湿地土壤碳、氮、磷及其与土壤物理性状的关系 [J].应用生态学报，16（10）：1872-1878.

濮培民，王国祥，李正魁，等．2001.健康水生态系统的退化及其修复——理论、技术及应用 [J].湖泊科学，13（3）：193-203.

秦伯强，范成新．2002.大型浅水湖泊内源营养盐释放的概念性模式探讨 [J].中国环境科学，22（2）：150-153.

秦伯强，胡维平，高光，等．2003.太湖沉积物悬浮的动力机制及内源释放的概念性模式 [J].科学通报，48（17）：1822-1831.

秦伯强，杨柳燕，陈非洲，等．2006.湖泊富营养化发生机制与控制技术及其应用 [J].科学通报，51（16）：1857-1866.

秦伯强．2002.长江中下游浅水湖泊富营养化发生机制与控制途径初探 [J].湖泊科学，14（3）：193-202.

司霞莉，岳甫均，王忠军，等．2018.深水湖泊沉积物不同形态氮的生物地球化学特征——以百花湖为例 [J].生态学杂志，37（3）：763-770.

孙维侠，史学正，于东升，等．2004.基于1:100万土壤空间数据库的有机碳储量估算研究 [J].地理科学，23：568-573.

孙小祥，杨桂山，欧维新，等．2014.太湖流域耕地变化及其对生态服务功能影响研究 [J].自然资源学报，29（10）：1675-1685.

太湖流域管理局．2010.http：//www.tba.gov.cn/.

唐樱殷，谢永贵，余刚国，等．2011.黔西北喀斯特土壤种子库季节动态及种子库对策

[J]. 生态学杂志，30（7）：1454-1460.

田家怡，潘怀剑，傅荣恕．2001. 黄河三角洲土壤动物多样性初步调查研究 [J]. 生物多样性，9（3）：228-236.

田玉强，欧阳华，徐兴良，等．2008. 青藏高原土壤有机碳储量与密度分布 [J]. 土壤学报，45（5）：933-942.

王大力，尹澄清．2000. 植物根孔在土壤生态系统中的功能 [J]. 生态学报，20（5）：869-874.

王广力，王勇，韩立亮，等．2005. 洞庭湖区不同土地利用方式下的土壤动物群落结构 [J]. 生态学报，25（10）：2629-2636.

王金凤，由文辉，易兰．2007. 上海宝钢工业区凋落物中土壤动物群落结构及季节变化 [J]. 生物多样性，15（5）：463-469.

王开宇．2001. 中国湖泊的主要环境问题及综合治理对策．中国湖泊富营养化及其防治研究 [M]. 北京：中国环境科学出版社．

王丽丽，宋长春，葛瑞娟，等．2009. 三江平原湿地不同土地利用方式下土壤有机碳储量研究 [J]. 中国环境科学，29（6）：656-660.

王邵军，阮宏华，汪家社，等．2010. 武夷山典型植被类型土壤动物群落的结构特征 [J]. 生态学报，30（19）：5174-5184.

王绍强，周成虎，李克让，等．2000. 中国土壤有机碳库及空间分布特征分析 [J]. 地理学报，（5）：533-544.

王相磊，周进，李伟，等．2003. 洪湖湿地退耕初期种子库的季节动态 [J]. 植物生态学报，27（3）：352-359.

王小冬，秦伯强，高光．2011. 氮磷的不同供应比例和频度对藻类水华形成的影响 [J]. 农业环境科学学报，30（12）：2533-2541.

王瑜，刘录三，方玉东，等．2009. 生物操纵方法调控湖泊富营养化研究进展 [J]. 自然科学进展，19（12）：1296-1301.

王正文，祝廷成．2002. 松嫩草地水淹干扰后的土壤种子库特征及其与植被关系 [J]. 生态学报，22（9）：1392-1398.

翁焕新，孙向卫，秦亚超．2007. 光照强度对隐藻吸收铁和磷的影响 [J]. 地球化学，36（004）：383-390.

吴东浩，张勇，于海燕，等．2010. 影响浙江西苕溪底栖动物分布的关键环境变量指示

种的筛选 [J]. 湖泊科学，22（5）：693-699.

吴鹏飞，杨大星. 2011. 若尔盖高寒草甸退化对中小型土壤动物群落的影响 [J]. 生态学报，31（13）：3745-3757.

吴挺峰，朱广伟，秦伯强，等. 2012. 前期风场控制的太湖北部湖湾水动力及对蓝藻水华影响 [J]. 湖泊科学，24（3）：409-415.

吴晓辉，李其军. 2010. 水动力条件对藻类影响的研究进展 [J]. 生态环境学报，19（7）：1732-1738.

武海涛，吕宪国，姜明，等. 2008. 三江平原典型湿地土壤动物群落结构及季节变化 [J]. 湿地科学，6（4）：459-465.

萧葳，刘文治，刘贵华. 2011. 丹江口库区滩涂与入库支流植被与土壤种子库：水传播潜力探讨 [J]. 植物生态学报，35（3）：247-255.

谢红彬，虞孝感. 2001. 太湖流域水环境演变与人类活动耦合关系 [J]. 长江流域资源与环境，10（5）：393-400.

邢福，王莹，许坤，等. 2008. 三江平原沼泽湿地群落演替系列的土壤种子库特征 [J]. 湿地科学，6（3）：351-358.

徐洋，刘文治，刘贵华. 2009. 生态位限制和物种库限制对湖滨湿地植物群落分布格局的影响 [J]. 植物生态学报，33（3）：546-554.

徐泽新. 2013. 太湖流域营养物质与砷汞的生物地球化学循环特征 [D]. 武汉：华中农业大学.

许刚，朱振国，黄建光，等. 2002. 无锡市社会经济发展对水环境的影响 [J]. 湖泊科学，14（2）：173-179.

许海，朱广伟，秦伯强，等. 2011. 氮磷比对水华蓝藻优势形成的影响 [J]. 中国环境科学，31（10）：1676-1683.

薛丽娟. 2006. 太湖西苕溪流域径流过程模拟 [D]. 大连：大连理工大学.

闫丽珍，石敏俊，王磊. 2010. 太湖流域农业面源污染及控制研究进展 [J]. 中国人口·资源与环境，20（1）：99-107.

杨桂山，马荣华，张路，等. 2010. 中国湖泊现状及面临的重大问题与保护策略 [J]. 湖泊科学，22（6）：799-810.

尹文英. 2000. 中国土壤动物 [M]. 北京：科学出版社，1-50.

尹文英. 1998. 中国土壤动物检索图鉴 [M]. 北京：科学出版社，31-150.

尹延震，王苗，郑钊. 2014. 洱海湖滨带底泥全氮、全磷及有机质空间分布特征研究 [J]. 环境科学与管理，39（7）：40-44.

尤本胜，王同成，范新，等. 2008. 风浪作用下太湖草型湖区水体 N、P 动态负荷模拟 [J]. 中国环境科学，28（1）：33-38.

于顺利，陈宏伟，郎南军. 2007. 土壤种子库的分类系统和种子在土壤中的持久性 [J]. 生态学报，27（5）：2099-2108.

张金屯. 2004. 植被数量生态学方法 [M]. 北京：中国科学技术出版社，1-100.

张龙龙，鲍毅新，胡知渊，等. 2009. 溪源湿地秋季不同植被类型土壤动物群落特征初步研究 [J]. 浙江师范大学学报（自然科学版），32（4）：453-459.

张汪寿，耿润哲，王晓燕，等. 2013. 基于多准则分析的非点源污染评价和分区——以北京怀柔区北宅小流域为例 [J]. 环境科学学报，33（1）：258-266.

张雪萍，张毅，侯威岭，等. 2000. 小兴安岭针叶凋落物的分解与土壤动物的作用 [J]. 地理科学，20（6）：552-556.

张毅敏，张永春，张龙江，等. 2007. 湖泊水动力对蓝藻生长的影响 [J]. 中国环境科学，27（5）：707-711.

张运林，秦伯强，胡维平，等. 2006. 太湖典型湖区真光层深度的时空变化及其生态意义 [J]. 中国科学 D 辑：地球科学，36（3）：287-296.

赵建刚，杨琼，陈章和，等. 2003. 几种湿地植物根系生物量研究 [J]. 中国环境科学，23（3）：290-294.

赵凯，周彦锋，蒋兆林，等. 2017. 1960 年以来太湖水生植被演变 [J]. 湖泊科学，29(2):351-362.

赵生才. 2004. 中国湖泊富营养化的发生机制与控制对策 [J]. 地球科学进展，19（1）：138-140.

赵欣胜，崔丽娟，摆亚军，等. 2011. 水培彩叶草抑制藻类繁殖的试验研究 [J]. 环境污染与控制，33（8）：1-3.

朱斌，陈飞星. 2002. 利用水生植物净化富营养化水体的研究进展 [J]. 上海环境科学，21（9）：564-567.

朱广伟，秦伯强，高光. 2005. 风浪扰动引起大型浅水湖泊内源磷暴发性释放的直接证据 [J]. 科学通报，50（1）：66-71.

朱广伟. 2008. 太湖富营养化现状及原因分析 [J]. 湖泊科学，20（1）：21-26.

朱永恒，赵春雨，王宗英，等 . 2005. 我国土壤动物群落生态学研究综述 [J]. 生态学杂志，24（12）：1477-1481.

Ahearn D S，Sheibley R W，Dahlgren R A，et al. 2005. Land use and land cover influence on water quality in the last free-flowing river draining the western Sierra Nevada，California[J]. Journal of Hydrology，313（3）：234-247.

Allan J D. 2004. Landscapes and riverscapes：the influence of land use on stream ecosystems[J]. Annual review of ecology，Evolution，and Systematics，257-284.

Alvarez-Cobelas M，Angeler D G，Sánchez-Carrillo S，et al. 2012. A worldwide view of organic carbon export from catchments[J]. Biogeochemistry，107（1-3）：275-293.

Amiaud B，Touzard B. 2004. The relationships between soil seed bank，aboveground vegetation and disturbances in old embanked marshlands of Western France[J]. Flora-Morphology，Distribution，Functional Ecology of Plants，199（1）：25-35.

Anderson J T，Smith L M. 2000. Invertebrate response to moist-soil management of playa wetlands[J]. Ecological Applications，10（2）：550-558.

Appan A，Wang H. 2000. Sorption isotherms and kinetics of sediment phosphorus in a tropical reservoir[J]. Journal of Environmental Engineering，12：993-998.

Baker A. 2005. Land use and water quality[M]. Encyclopedia of Hydrological Sciences.

Bakker J P，Esselink P，Dijkema K S，et al. 2002. Restoration of salt marshes in the Netherlands[M]//Ecological Restoration of Aquatic and Semi-Aquatic Ecosystems in the Netherlands（NW Europe）. Springer Netherlands：29-51.

Baldwin A H，Derico E F. 1999. The seed bank of a restored tidal freshwater marsh in Washington，DC[J]. Urban Ecosystems，3（1）：5-20.

Baldwin A H，Egnotovich M S，Clarke E. 2001. Hydrologic change and vegetation of tidal freshwater marshes：field，greenhouse，and seed bank experiments[J]. Wetlands，21（4）：519-531.

Baldwin A H，Kettenring K M，Whigham D F. 2010. Seed banks of Phragmites australis-dominated brackish wetlands：relationships to seed viability，inundation，and land cover[J]. Aquatic Botany，93（3）：163-169.

Behrendt H，Opitz D. 1999. Retention of nutrients in river systems：dependence on specific runoff and hydraulic load[M]//Man and River Systems. Springer Netherlands，111-122.

Biggs T W，Dunne T，Martinelli L A. 2004. Natural controls and human impacts on stream nutrient concentrations in a deforested region of the Brazilian Amazon basin[J]. Biogeochemistry, 68（2）：227-257.

Billen G，Garnier J，Némery J，et al. 2007. A long-term view of nutrient transfers through the Seine river continuum[J]. Science of the Total Environment，375：80-97.

Bonnie K E，Jack A S，Daniel G，et al. 2011. Long-term effects of a trophic cascade in a large lake ecosystem[J]. PNAS，108（3）：1070-1075.

Bossuyt B，Honnay O. 2008. Can the seed bank be used for ecological restoration？An overview of seed bank characteristics in European communities[J]. Journal of Vegetation Science，19（6）：875-884.

Brown S C. 1998. Remnant seed banks and vegetation as predictors of restored marsh vegetation[J]. Canadian Journal of Botany，76（4）：620-629.

Buck O，Niyogi D K，Townsend C R. 2004. Scale-dependence of land use effects on water quality of streams in agricultural catchments[J]. Environmental Pollution，130（2）：287-299.

Caille F，Riera J L，Rosell-Melé A. 2012. Modelling nitrogen and phosphorus loads in a Mediterranean river catchment（La Tordera，NE Spain）[J]. Hydrology and Earth System Sciences，16（8）：2417-2435.

Capon S J，Brock M A. 2006. Flooding，soil seed bank dynamics and vegetation resilience of a hydrological variable desert floodplain[J]. Freshwater Biology，51（2）：206-223.

Carl F C，Mark R N，Dorothy H T. 2004. A practical application of Droop nutrient kinetics（WR 1883）[J]. Water Research，38：4446-4454.

Carlos I M，François-Marie G d，Jean-Louis D，et al. 2010. Transfer of mercury and methylmercury along macroinvertebrate food chains in a floodplain lake of the Beni River，Bolivian Amazonia[J]. Science of The Total Environment，408（16）：3382-3391.

Carlos I M，François-Marie G，Thierry O，et al. 2010. Macroinvertebrate food web structure in a floodplain lake of the Bolivian Amazon[J]. Hydrobiologia，663（1）：135-153.

Carpenter S R，Caraco N F，Correll D L，et al. 1998. Nonpoint pollution of surface waters with phosphorus and nitrogen[J]. Ecological applications，8（3）：559-568.

Chen H L，Li B，Fang C M，et al. 2007. Exotic plant influences soil nematode communities through litter input[J]. Soil Biology and Biochemistry，39（7）：1782-1793.

Cherry K A，Shepherd M，Withers P J A，et al. 2008. Assessing the effectiveness of actions to mitigate nutrient loss from agriculture：A review of methods[J]. Science of the Total

Environment, 406 (1): 1-23.

Chunlei F, Patricia M G, JoAnn M B. 2003. Characterization of the affinity for nitrogen, uptake kinetics, and environmental relationships for Prorocentrum minimum in natural blooms and laboratory cultures[J]. Harmful Algae, 2: 283-299.

Ciesielskia T, Pastukhovb M V, Szeferc P, et al. 2010. Bioaccumulation of mercury in the pelagic food chain of the Lake Baikal[J]. Chemosphere, 78 (11): 1378-1384.

Cirmo C P, McDonnell J J. 1997. Linking the hydrologic and biogeochemical controls of nitrogen transport in near-stream zones of temperate-forested catchments: A review[J]. Journal of Hydrology, 199 (1): 88-120.

Clements D R, Krannitz P G, Gillespie S M. 2007. Seed bank responses to grazing history by invasive and native plant species in a semi-desert shrub-steppe environment[J]. Northwest Science, 81 (1): 37-49.

Cole L, Buckland S M, Bardgett R D. 2005. Relating micro-arthropod community structure and diversity to soil fertility manipulations in temperate grassland[J]. Soil Biology & Biochemistry, 37 (9): 1707-1717.

Costanza,R., Arge,R., Groot,R.et al. 1997. The value of the worlds ecosystem services and natural capital[J]. Nature, 386: 253-260.

Covneny M F, Stites D L. 2002. Nutrient removal from eutrophic lake water by wetland filtration[J]. Ecological Engineering, 19: 141-159.

Cui B S, Zhang Q J, Zhang K J, et al. 2011. Analyzing trophic transfer of heavy metals for food webs in the newly-formed wetlands of the Yellow River Delta, China[J]. Environmental Pollution, 159 (5): 1297-1306.

Cui Lijuan, Li Wei, Zhao Xinsheng, et al. 2016. Relationship between standing vegetation and soil seed bank in different vegetation cover types in lakeshore, Lake Tai, China[J]. Ecological Engineering, 96: 45-54.

David W. Schindler, R. E. Hecky, D. L. Findlay, M. P. Stainton, B. R. Parker, M. J. Paterson, K. G. Beaty, M. Lyng, and S. E. M. Kasian. 2008. Eutrophication of lakes cannot be controlled by reducing nitrogen input: Results of a 37-year whole-ecosystem experiment. PNAS, 105(32): 11254-11258.

Deng H, Yeh C H, Willis R J. 2000. Inter-company comparison using modified TOPSIS with objective weights[J]. Computers & Operations Research, 27 (10): 963-973.

Dow C L, Arscott D B, Newbold J D. 2006. Relating major ions and nutrients to watershed conditions across a mixed-use, water-supply watershed[J]. Journal of the North American Benthological Society. 25: 887-911.

Dumont E, Harrison J A, Kroeze C, et al. 2005. Global distribution and sources of dissolved inorganic nitrogen export to the coastal zone: Results from a spatially explicit, global model[J]. Global Biogeochemical Cycles, 19 (4): 1-13.

Duxburya J M, Mayerb A B, Laurena J G, et al. 2011. Food chain aspects of arsenic contamination in bangladesh: effects on quality and productivity of rice[J]. Journal of Environmental Science and Health, Part A, 24: 61-69.

Eckhardt B W, Moore T R. 1990. Controls on dissolved organic carbon concentrations in streams, southern Quebec[J]. Canadian Journal of Fisheries and Aquatic Sciences, 47 (8): 1537-1544.

Edwards A C, Cook Y, Smart R, et al. 2000. Concentrations of nitrogen and phosphorus in streams draining the mixed land-use Dee Catchment, north-east Scotland[J]. Journal of Applied Ecology, 37 (s1): 159-170.

Engstrom D R, Schottler S P, Leavitt P R, et al. 2006. A reevaluation of the cultural eutrophication of lake okeechobee using multiproxy sediment records[J]. Ecological Applications, 16: 1194-1206.

Esselman P, Allan J. 2010. Relative influences of catchment-and reach-scale abiotic factors on freshwater fish communities in rivers of northeastern Mesoamerica[J]. Ecology of Freshwater Fish, 19: 439-454.

Fenner M. 1991. Ecology of soil seed banks[J]. Seed Science Research, 1 (1): 73-74.

Fisher S G, Likens G E. 1972. Stream ecosystem: organic energy budget[J]. Bioscience, 22 (1): 33-35.

Friedrich R, Anita T, Diederik M. 2006. Phytoplankton community dynamics of two adjacent Dutch lakes in response to seasons and eutrophication control unravelled by non-supervised artificial neural networks[J]. Ecological Informatics, 1 (2): 277-285.

Frissell C, Liss W, Warren C, et al. 1986. A hierarchical framework for stream habitat classification: Viewing streams in a watershed context[J]. Environmental Management, 10: 199-214.

Frost P C, Kinsman L E, Johnston C A, et al. 2009. Watershed discharge modulates relationships between landscape components and nutrient ratios in stream seston[J]. Ecology, 90 (6): 1631-1640.

Frost P C, Stelzer R S, Lamberti G A, et al. 2002. Ecological stoichiometry of trophic interactions in the benthos[J]. Journal of the North American Benthological Society, 21（4）: 515-528.

Gadegast M, Hirt U, Opitz D, et al. 2012. Modelling changes in nitrogen emissions into the Oder River System 1875-1944[J]. Regional Environmental Change, 12（3）: 571-580.

Gauch H G. 1982. Multivariate analysis in community ecology[M]. Cambridge University Press, Cambridge.

Geneletti D. 2004. A GIS-based decision support system to identify nature conservation priorities in an alpine valley[J]. Land Use Policy, 21（2）: 149-160.

Geneletti D. 2005. Multicriteria analysis to compare the impact of alternative road corridors: a case study in northern Italy[J]. Impact Assessment and Project Appraisal, 23（2）: 135-146.

Green M B, Finlay J C. 2010. Patterns of hydrologic control over stream water total nitrogen to total phosphorus ratios[J]. Biogeochemistry, 99（1-3）: 15-30.

Guilhem C, Iris K, Esteban E, et al. 2011. Arsenic Speciation in Plankton Organisms from Contaminated Lakes: Transformations at the Base of the Freshwater Food Chain[J]. Environmental Science & Technology, 45（23）: 9917-9923.

Guo L. 2007. Doing battle with the green monster of Taihu Lake[J]. Science, 317（5842）: 1166-1166.

Hans W P. 2006. Assessing and managing nutrient-enhanced eutrophication in estuarine and coastal waters: Interactive effects of human and climatic perturbations[J]. Ecological Engineering, （26）: 40-54.

Harper J L. 1977. Population biology of plants[M]. London: Academic Press, 1-53.

Hartmut K. 1998. Secondary succession of soil mesofauna: A thirteen year study[J]. Applied Soil Ecology, 9（1-3）: 81-86.

Hemerik L, Brussaard L. 2002. Diversity of soil macro-invertebrates in grasslands under restoration succession[J]. European Journal of Soil Biology, 38（2）: 145-150.

Hetling L J, Jaworski N A, Garretson D J. 1999. Comparison of nutrient input loading and riverine export fluxes in large watersheds[J]. Water Science and Technology, 39（12）: 189-196.

Hideyuki D, Kwang-Hyeon C, Takamitsu A, et al. 2009. Resource availability and ecosystem size predict food-chain length in pond ecosystems[J]. Oikos, 118（1）: 138-144.

Huang IB, Keisler J, Linkov I. 2011. Multi-criteria decision analysis in environmental sciences: Ten years of applications and trends[J]. Science of the Total Environment, 409: 3578-3594.

Hynes H. 1975. Edgardo Baldi memorial lecture. The stream and its valley[J]. Verhandlungen der Internationalen Vereinigung fur theoretische und angewandte Limnologie, 19: 1-15.

Jake V Z M, William W F. 2007. Global patterns of aquatic food chain length[J]. Oikos, 116 (8): 1378-1388.

James J E, Angela L P, Marcia K, et al. 2010. Atmospheric nitrogen deposition is associated with elevated phosphorus limitation of lake zooplankton[J]. Ecology Letters, 13 (10): 1256-1261.

John H, Matthew O, Michael J, et al. 2006. How green is my river？ A new paradigm of eutrophication in rivers[J]. Science of The Total Environment, 365 (15): 66-83.

Johnes P J. 1996. Evaluation and management of the impact of land use change on the nitrogen and phosphorus load delivered to surface waters: The export coefficient modelling approach[J]. Journal of hydrology, 183 (3): 323-349.

Jorgensen. 1983. Application of ecology in environmental management[M]. BocaRaton, FL, USA: CRCPress.

Katsiapi M, Mazaris A D, Charalampous E, et al. 2012. Watershed land use types as drivers of freshwater phytoplankton structure[J]. Hydrobiologia, 698 (1): 121-131.

Kim J, Choi J, Choi C, et al. 2013. Impacts of changes in climate and land use/land cover under IPCC RCP scenarios on streamflow in the Hoeya River Basin, Korea[J]. Science of the Total Environment, 452: 181-195.

Kooi B W, Bontje D, van Voorn G A K, et al. 2008. Sublethal toxic effects in a simple aquatic food chain[J]. Ecological Modelling, 212 (3-4): 304-318.

LAWA. 2003. German Guidance document for the implementation of the EC Water Framework Directive[Alol]. http: //www.lawa.de/Publikationen.html.

Leck M A. 2003. Seed bank and vegetation development in a created tidal freshwater wetland on the Delaware River, Trenton, New Jersey, USA[J]. Wetlands, 23 (2): 310-343.

Liang T, Shanna W, Hongying CAO, et al. 2008. Estimation of ammonia nitrogen load from nonpoint sources in the Xitiao River catchment, China[J]. Journal of Environmental Sciences, 20 (10): 1195-1201.

Linda M C, Robert T, David B, et al. 2009. Re-engineering the eastern Lake Erie littoral food web: The trophic function of non-indigenous Ponto-Caspian species[J]. Journal of Great Lakes Research, 35 (2): 224-231.

Liu G H, Zhou J, Li W, et al. 2005. The seed bank in a subtropical freshwater marsh: Implications for wetland restoration[J]. Aquatic Botany, 81 (1): 1-11.

Liu X, Lu X, Chen Y. 2011. The effects of temperature and nutrient ratios on Microcystis blooms in Lake Taihu, China: An 11-year investigation[J]. Harmful Algae, 10 (3): 337-343.

Lucie Sliva and dudley Williams. Buffer zone versus whole catchment approaches to studying land use impact on river water quality[J]. Water Res, 2001, 35(14): 3462-3472.

Luis R, Felipe M. 2006. Eutrophication trends in forest soils in Galicia (NW Spain) caused by the atmospheric deposition of nitrogen compounds[J]. Chemosphere, 63 (9): 1598-1609.

Maarten B, Claes B, Arne M M, et al. 2009. Food chain effects of nutrient limitation in primary producers[J]. Marine and Freshwater Research, 60 (10): 983-989.

Magali H, Derek C G M, Gregg T T, et al. 2008. Bioaccumulation and Trophic Magnification of Short- and Medium-Chain Chlorinated Paraffins in Food Webs from Lake Ontario and Lake Michigan[J]. Environmental Science & Technology, 42 (10): 3893-3899.

Malczewski J. 2006. GIS-based multicriteria decision analysis: A survey of the literature[J]. International Journal of Geographical Information Science, 20 (7): 703-726.

Marina P, Donald F. 2006. Diatom metrics for monitoring eutrophication in rivers of the United States[J]. Ecological Indicators, 7 (1): 48-70.

Martine G deV, Mark A J. Huijbregtsa, M J, et al. 2008. Accumulation of perfluorooctane sulfonate (PFOS) in the food chain of the Western Scheldt estuary: Comparing field measurements with kinetic modeling[J]. Chemosphere, 70 (10): 1766-1773.

Marzin A, Verdonschot P F M, Pont D. 2013. The relative influence of catchment, riparian corridor, and reach-scale anthropogenic pressures on fish and macroinvertebrate assemblages in French rivers[J]. Hydrobiologia, 704 (1): 375-388.

Melanie J, Bishop S P, Powers H J, et al. 2006. Benthic biological effects of seasonal hypoxia in a eutrophic estuary predate rapid coastal development. Estuarine[J]. Coastal and Shelf Science, 70 (3): 415-422.

Middleton B A. 2003. Soil seed banks and the potential restoration of forested wetlands after farming[J]. Journal of Applied Ecology, 40 (6): 1025-1034.

Minshall G W, Thomas S A, Newbold J D, et al. 2000. Physical factors influencing fine organic particle transport and deposition in streams[J]. Journal of the North American Benthological Society, 19（1）: 1-16.

Mulholland P J, Helton A M, Poole G C, et al. 2008. Stream denitrification across biomes and its response to anthropogenic nitrate loading[J]. Nature, 452（7184）: 202-205.

Mulholland P J. 1992. Regulation of nutrient concentrations in a temperate forest stream: roles of upland, riparian, and instream processes[J]. Limnology and Oceanography, 37（7）: 1512-1526.

Murray P J, Cook R, Currie A F, et al. 2006. Interactions between fertilizer addition, plants and the soil environment: Implications for soil faunal structure and diversity[J]. Applied Soil Ecology, 33（2）: 199-207.

Neff K P, Rusello K, Baldwin A H. 2009. Rapid seed bank development in restored tidal freshwater wetlands[J]. Restoration Ecology, 17（4）: 539-548.

Oliver S B, Stuart H, Owen L P. 2010. The interacting effects of temperature and food chain length on trophic abundance and ecosystem function[J]. Journal of Animal Ecology, 79（3）: 693-700.

Olson D L. 2004. Comparison of weights in TOPSIS models[J]. Mathematical and Computer Modelling, 40（7）: 721-727.

Paul J O, Jan G M, Pete J A, et al. 2011. Bioaccumulation of aluminium and iron in the food chain of Lake Loskop, South Africa[J]. Ecotoxicology and Environmental Safety, 75（1）: 134-141.

Per-Arne A, Kevin D L, Rune K, et al. 2009. Food web topology and parasites in the pelagic zone of a subarctic lake[J]. Journal of Animal Ecology, 78（3）: 563-572.

Philip A M. Bachand. 2000. Denitrification in constructed free-water surface wetlands: Effect of VegetatiOn and Tem Perature[J]. Ecological Engineering, （4）: 17-32.

Pieter B, Evi M, Erik M, et al. 2010. Integrated Constructed Wetlands （ICW）: Ecological Development in Constructed Wetlands for Manure Treatment[J]. Wetlands. 31（4）: 10-11.

Pieterse N M, Bleuten W, Jørgensen S E. 2003. Contribution of point sources and diffuse sources to nitrogen and phosphorus loads in lowland river tributaries[J]. Journal of Hydrology, 271（1）: 213-225.

Qin B, Havens K, Liu Z. 2007. Eutrophication of shallow lakes with special reference to Lake Taihu, China[M]. Springer Science & Business Media.

Qin X S，Huang G H，Chakma A，et al. 2008. A MCDM-based expert system for climate-change impact assessment and adaptation planning-A case study for the Georgia Basin，Canada[J]. Expert Systems with Applications，34（3）：2164-2179.

Qu W，Mike D，Wang S. 2001. Multivariate analysis of heavy metal and nutrient concentrations in sediments of Taihu Lake，China[J]. Hydrobiologia，450：83-89.

Quirós R. 2003. The relationship between nitrate and ammonia concentrations in the pelagic zone of lakes[J]. Limnetica，22（1-2）：37-50.

Rebi C N，Piet F M V. 2004. Variable selection for modelling effects of eutrophication on stream and river ecosystems[J]. Ecological Modelling，177：17-39.

Redfield A C. 1958. The biological control of chemical factors in the environment[J]. American scientist，46（3）：230A-221.

Richards C，Johnson L B，Host G E. 1996. Landscape-scale influences on stream habitats and iota[J]. Canadian Journal of Fisheries and Aquatic Sciences，53（S1）：295-311.

Roth N E，Allan J D，Erickson D L. 1996. Landscape influences on stream biotic integrity assessed at multiple spatial scales[J]. Landscape ecology，11（3）：141-156.

Schneider R L，Sharitz R R. 1988. Hydrochory and regeneration in a bald cypress water tupelo swamp forest[J]. Ecology，69（4）：1055-1063.

Service S C. 1993.National engineering handbook：hydrology[M]. USDA，Springfield，VA.

Sheldon F，Peterson E E，Boone E L，et al. 2012. Identifying the spatial scale of land use that most strongly influences overall river ecosystem health score[J]. Ecological Applications，22：2188-2203.

Sliva L，Williams D D. 2001. Buffer zone versus whole catchment approaches to studying land use impact on river water quality[J]. Water research，35（14）：3462-3472.

Smith V. 2003. Eutrophication of freshwater and coastal marine ecosystems a global problem[J]. Environmental Science and Pollution Research，10：126-139.

Sponseller R，Benfield E，Valett H. 2001. Relationships between land use，spatial scale and stream macroinvertebrate communities[J]. Freshwater Biology，46：1409-1424.

Stone R. 2011. China aims to turn tide against toxic lake pollution[J]. Science，333（6047）：1210-1211.

Susanne M. U，Mikhail A I，Trevor W Tantona，et al. 2007. Mercury contamination in the vicinity of a derelict chlor-alkali plant：Part II：Contamination of the aquatic and terrestrial food chain and potential risks to the local population[J]. Science of the Total Environment, 381 (1-3): 290-306.

Tammeorg O, Niemistö J, Horppila J, et al. 2013. Sedimentation and resuspension dynamics in Lake Vesijärvi (Finland): comparison of temporal and spatial variations of sediment fluxes in deep and shallow areas[J]. Fundamental & Applied Limnology, 182 (4): 297-307.

Tariku M T, Reidar B, Bjørn O R, et al. 2011. Mercury concentrations are low in commercial fish species of Lake Ziway, Ethiopia, but stable isotope data indicated biomagnification[J]. Ecotoxicology and Environmental Safety, 74 (4): 953-959.

Thomas M, Judit P, Peter K, et al. 2008. A test of food web hypotheses by exploring time series of fish, zooplankton and phytoplankton in an oligo-mesotrophic lake[J]. Limnologica-Ecology and Management of Inland Waters, 38 (3-4): 179-188.

Tomer M D, Meek D W, Jaynes D B, et al. 2003. Evaluation of nitrate nitrogen fluxes from a tile-drained watershed in central Iowa[J]. Journal of Environmental Quality, 32 (2): 642-653.

Vasile I F, Paul A H, Patrick W, et al. 2008. Temporal trends of perfluoroalkyl compounds with isomer analysis in lake trout from lake ontario (1979-2004) [J]. Environmental Science & Technology, 42 (13): 4739-4744.

Wang H. J., X. M. Liang, P. H. Jiang, J. Wang, S. K. Wu & H. Z. Wang, 2008. TN: TP ratio and planktivorous fish do not affect nutrient-chlorophyll relationships in shallow lakes. Freshwater Biology, 53: 935-944.

Wang L, Seelbach P W, Hughes R M. 2006. Introduction to landscape influences on stream habitats and biological assemblages[C]//American Fisheries Society Symposium. American Fisheries Society, 48: 1.

WANG X, LU Y, HAN J, et al. 2007. Identification of anthropogenic influences on water quality of rivers in Taihu watershed[J]. Journal of Environmental Sciences, 19 (4): 475-481.

Warren M W, Zou X M. 2002. Soil macrofauna and litter nutrients in three tropical tree plantations on a disturbed site in Puerto Rico[J]. Forest Ecology and Management, 170 (1-3): 161-171.

Wellstein C, Otte A, Waldhardt R. 2007. Seed bank diversity in mesic grasslands in relation to vegetation type, management and site conditions[J]. Journal of Vegetation Science, 18 (2): 153-162.

Wenchuan Q, Dickman M, Sumin W. 2001. Multivariate analysis of heavy metal and nutrient concentrations in sediments of Taihu Lake, China[J]. Hydrobiologia, 450 (1-3): 83-89.

Whiles M R, Dodds W K. 2002. Relationships between stream size, suspended particles, and filter-feeding macroinvertebrates in a Great Plains drainage network[J]. Journal of Environmental Quality, 31 (5): 1589-1600.

Wu H, Guo Z, Peng C. 2003. Land use induced changes of organic carbon storage in soils of China[J]. Global Change Biology, 9 (3): 305-315.

Xiao H, Ji W. 2007. Relating landscape characteristics to non-point source pollution in mine waste-located watersheds using geospatial techniques[J]. Journal of Environmental Management, 82 (1): 111-119.

Xu H, Paerl H W, Qin B, et al. 2010. Nitrogen and phosphorus inputs control phytoplankton growth in eutrophic Lake Taihu, China[J]. Limnology and Oceanography, 55 (1): 420-432.

Yang Y, Mohammat A, Feng J, et al. 2007. Storage, patterns and environmental controls of soil organic carbon in China[J]. Biogeochemistry, 84 (2): 131-141.

Zdenka M, Samar A S P, Boštjan P, et al. 2010. Heavy Metal Concentrations in Food Chain of Lake Velenjsko jezero, Slovenia: An Artificial Lake from Mining[J]. Archives of Environmental Contamination and Toxicology, 58 (4): 998-1007.

Zhang H, Huang G H. 2011. Assessment of non-point source pollution using a spatial multicriteria analysis approach[J]. Ecological Modelling, 222 (2): 313-321.

Zhao X S, Li H Y, Tian K X. 2002. A study of the problems associated with Dalangdian reservoir, China[J]. Freshwater Forum, 19: 35-41.

后　记

▲▲▲▲▲▲▲▲▲▲▲

　　本书的内容主要来源于编者的研究成果，从课题设计、调查分析到编写完成，先后历时近 6 年时间。期间经数次修改完善，最终定稿。由于篇幅所限，我们在编写过程中只能选取项目研究中代表性成果，主要围绕太湖流域湿地的水文环境、土壤和生物的相互关系展开。本书希望能抛砖引玉，引起更多的同行来关注太湖流域湿地生态现状和生态服务功能。期望通过本书的出版能为未来太湖流域湿地保育和恢复提供依据，为国家湿地保护工作提供理论和技术支持。

　　本书凝聚了所有项目参加人员的汗水，是所有参加人员智慧的结晶，本书在完成的过程中还参考和引用了一些同行已经发表的相关论述与成果，在此一并表示感谢。